戒了吧，
拖延症！

吕楠 /编著

吉林文史出版社
JILIN WENSHI CHUBANSHE

图书在版编目（CIP）数据

　戒了吧，拖延症！／吕楠编著 . -- 长春：吉林文史出版社，2018.10（2021.12重印）

　ISBN 978-7-5472-5503-2

　Ⅰ . ①戒⊠ Ⅱ . ①吕⊠ Ⅲ . ①成功心理—通俗读物 Ⅳ . ① B848.4-49

中国版本图书馆 CIP 数据核字（2018）第 233720 号

戒了吧，拖延症！

出 版 人　张　强

编　　著　吕　楠

责任编辑　陈春燕

封面设计　韩立强

图片提供：www.quanjing.com

出版发行　吉林文史出版社有限责任公司

地　　址　长春市净月区福祉大路5788号出版大厦

印　　刷　天津海德伟业印务有限公司

开　　本　880mm×1230mm　　1/32

印　　张　6

字　　数　130 千

版　　次　2018 年 10 月第 1 版

印　　次　2021 年 12 月第 3 次印刷

书　　号　978-7-5472-5503-2

定　　价　32.00 元

前言

不管什么事都要拖到晚上才开始，白天毫无灵感；"再刷朋友圈就剁手"，没过一会儿就开始释放双手；"我看半小时韩剧，就半小时"，一晃半天过去了；可乐喝完了，薯片吃完了，工作还没开始……这都是我们平常所说的拖延症的典型症状。

据研究表明，"不到最后一刻，绝对不动手"这种症状能够在80%以上的职场人身上发现，而且当问题出现后，往往附带强烈的自责情绪。严重者甚至会整天念叨：我有罪，有罪，罪……

进入互联网社会后，难以量化的工作特点和现代碎片化的生活方式，正在不断加剧拖延行为。而拖延确实正成为温柔的生命杀手。拖延无处不在，它让我们处于自责内疚中，也处于惶恐不安中，让我们错失了很多人生机遇。拖延甚至还会让我们陷入人生的泥潭中不能自拔，使我们变成平庸的人。很多人深知拖延的危害，也一次次痛下决心改正，但往往又陷入新的拖延。

这是因为，拖延是人性的弱点之一，很多人在开始一项任务之前，总会找出一些冠冕堂皇的理由来说服自己拖延，心安理得地享受懒惰带来的放松；拖延有时是因为不够自信，对如何能做好事情有恐惧感，他们常常能找出一些不做的理由安慰自己，不敢面对现实；有的人追求完美主义，为一点点小事没有办好就一直懊恼不已，进而拖延该做的事；有些人自制力很差，容易受外界诱惑，他很可能屈服于眼前的欲望，而把更好的选择放在以后……

对于拖延症患者而言，一方面梦想仙境中的玫瑰园出现，另一方面又忽略窗外盛开的玫瑰。明天仅是幻想，现实的玫瑰就是"今天"。拖延所浪费的正是这宝贵的"今天"！现代生活的节奏是快速的，每个人都加足马力往前冲，如果你还想歇歇，你只能等待被淘汰。

当然，大多数人都明白这样的道理。于是，我们在各种论坛上都能看到拖延症患者所写的帖子，几乎每个帖子的众多跟帖者，纷纷诉说拖延的烦恼和对自己人生的影响，并寻求解脱的灵丹妙药。

如果你已经认识到自己患上了拖延症，说明你尚未病入膏肓。其实，拖延并不可怕，只要认识到问题的症结，并以积极的心态对待，克服拖延也不是什么难事。

本书正是为拖延症患者们准备的一剂"苦口良药"。在这本书里，从拖延症的行为模式到拖延的危害，再到拖延产生的深层次原因，我们为你解开了这些谜底。而如何战胜拖延症，书中也给出了详细且全面的策略。

只要你阅读本书，从现在就开始行动起来，你完全可以轻松地宣告：战胜拖延，so easy！

目 录
CONTENTS

第一章　现在的拖延，都是对未来的挥霍

时间都去哪了？ / 2

"病态"的悠闲：还有明天！ / 5

借口和自我欺骗：如何招来拖延之患 / 8

漂亮的计划，不漂亮地执行 / 10

零碎的"小岔子" / 13

失败恐惧症带来拖延 / 16

网络让我们在拖延的路上越走越远 / 19

【解读】 拖延症的三种类型：鼓励型、逃避型、决心型 / 21

第二章　拖延到底坑你有多深

拖延与颓废：能力在拖延中衰退 / 26

在拖延中流失机会 / 29

你拖或不拖，问题都在那里 / 31

"压力山大"很烦人 / 35

【阅读】 拖延你好，成功再见 / 38

第三章　戒拖，你得扛得住诱惑

不要陷入"内卷化"效应 / 42

正视你的"审美疲劳" / 44

克服了懒惰，就成功了一半 / 46

情绪管理：远离悲观的负面情绪 / 50

远离那些懒散的"家伙" / 52

努力工作的人是幸福的 / 55

神奇的 PDCA 循环法 / 57

【阅读】 造成拖延的四大原因 / 59

第四章　别太完美主义，谨记效率第一

你是典型的完美主义者吗？ / 62

拒绝完美：做一个普通人 / 65

完成比完美更靠谱 / 68

你不可能让所有人都满意 / 71

悦纳生活中的不完美 / 73

走出完美主义的圈套 / 75

【阅读】 克服完美主义的方法 / 78

第五章　拜托了，别为拖延找借口

借口是拖延的温床 / 82

"我已经尽力了"只是借口而已 / 84

解决问题，让问题到此为止 / 87

生活的赢家，从来没有借口 / 89

心不觉得难，事情就不难 / 92

负责的人，不需要借口 / 95

不要让"借口"毁了你 / 98

【盘点】 无处不在的借口有哪些 / 101

第六章　战拖神器——良好的专注力

不再四处救火，你必须拥有专注力 / 104

排除一切干扰，专注地投入其中 / 108

聚焦你的全部力量 / 111

争取一次就把事情做到位 / 113

越简单，越高效 / 116

切忌"眉毛胡子一把抓" / 119

【训练】 战胜分心：提高专注力的有效方法 / 121

第七章　最强执行，唯有行动能终结拖延

重拾行动力，克服拖延症 / 124

让"快速行动"成为一种习惯 / 126

设立明确的"完成期限" / 129

别再等"下一分钟" / 131

从现在开始，做最重要的事 / 134

以"当日事，当日毕"为标准 / 136

【训练】 培养立即行动的习惯 / 138

第八章　目标明确，别在瞎忙中浪费时间

有什么样的目标，就有什么样的人生 / 142

别瞎忙，有一个明确的目标 / 144

多个目标＝没有目标 / 148

把大目标分解成小目标 / 151

给目标排排座 / 155

【训练】 如何制定任务清单 / 156

第九章　极限挑战！将时间管理到分分秒秒

时间用在哪里，成就就出在哪里 / 160

恰当而合理的时间预算 / 162

"重要的少数"与"琐碎的多数" / 165

盘活那些零碎时间 / 169

充分利用好你的最佳时间 / 172

用好神奇的 3 小时 / 175

【阅读】 高效时间管理的十个技巧 / 179

第一章

现在的拖延，都是对未来的挥霍

jieleba
tuoyanzheng

如今，拖延症已经成为年轻人的时代病。患有拖延症的人，往往在能够预料到后果有害的情况下，仍然把计划要做的事情往后推迟。虽然这不算什么生理上的病症，不过很多人却为此苦恼，因为大多数人都是在不知不觉中，就掉进了拖延症的旋涡。那么，你是否已经罹患了拖延症？你是否在拖延中感受内心纠结？你是否已经成为重度的拖延症患者？……

时间都去哪了？

"时间都去哪了？"几乎所有的人都对自己或别人问过这个问题。

又是一年过去，你也许在认真回顾，给自己定的一年计划并未如期完成，没有完成的真正原因，就是时间不觉中就已过去。而一年来，自己似乎每天都在忙碌，没有时间学习，每天有完不成的工作，甚至没有时间坐下来喝杯咖啡……

事实真的如此吗？多数人很轻易地相信自己"真的没时间"，

不过他们也容易被自己的谎言所欺骗，真正的问题是我们把大量时间都浪费在拖延上。对于拖延带来的时间损失，就连有些历史名人也懊悔不迭。

达·芬奇就是这样一个人。这位欧洲文艺复兴时期的艺术天才，同时涉足了建筑、解剖、艺术、工程、数学等领域，如今他传世的6000多页手稿见证了这位艺术天才的惊人才能。通过这些手稿，人们得以确认达·芬奇是历史上第一个人形机器人的设计者、第一个绘制子宫中胎儿和阑尾构造的人，而这些手稿中的绘画创作方案更是不计其数。

达·芬奇的世界名画《蒙娜丽莎》画了4年，另一幅名画《最后的晚餐》画了3年。实际上，达·芬奇的传世画作不超过20幅，并且其中有五六幅到他去世时还压在手里没能完成。直到他去世200年后，有关绘画的手稿才被后人整理成书。而更多科学方面的想法与设计至今仍隐藏在那些草稿图中，成为天才的遗憾。

达·芬奇对自己也有所反思，在一则笔记中他写道："告诉我，告诉我，有哪样事情到底是完成了的？"这种自责感，与当今我们所体验到的拖延症困扰是多么相似。

人一生的两笔财富是你的才华和你的时间。才华越来越多，但是时间越来越少，我们的一生可以说是用时间来换取才华。如果一天天过去了，我们的时间少了，而才华没有增加，那就是虚度了时光。

虽然多数人都懂得这个道理，但不少人依然对"拖延"情有独钟。每当我们感到疲倦和懒惰之时，就能立刻找出乃至创造出一堆不去做某件事的借口。

于是，现代社会的快节奏、高压力，让工作和生活中困扰很多人的拖延现象并不见消减。美国和加拿大的统计数据表明，七成大学生习惯于拖延学业，两成以上的普通人每天都会出现拖延行为。

拖延症也逐渐成为 80 后、90 后的标志，人们习惯在第一时间找借口掩盖自己的拖延行为。都说"时间去哪儿了""请再给我两分钟"，但起床拖延症、工作效率低等症状却愈加普遍。

王琳琳正在读研究生，她一直想利用大段空闲时间完成一篇专业论文。在寒假前就制订好了计划。王琳琳回到家后，先是和老家的同学天天聚在一起：滑雪、吃饭、唱歌、逛街。反正写论文的事不差这几天嘛！一个多星期过去，她的计划只是放在心里，晚上睡前想一想，叹息一声。

过了几天这样的日子后，王琳琳下决心在微信朋友圈里留言：从明天开始静心写论文。两周后，朋友打电话问她论文完成得怎么样。王琳琳的回答是"没有"。

朋友奇怪，"那你每天在家干吗？"王琳琳回忆了下说："好不容易放假，得睡到自然醒吧。起床后吃了早饭就打开电脑，正准备写，但一时间又找不到写论文的思路，想着不如等等，听会儿音乐，抱着手机跟朋友聊聊微信、刷刷朋友圈，上网在淘宝上看看衣服。结果到了晚上，论文也没开始写。然后，心里想着，等明天再重新开始吧。"

像王琳琳这样的人并不在少数,他们总是习惯性地拖延,时光当然在一天天的拖延中白白浪费了。当时间过去,拖延者不自觉认同"时间是幻觉"的概念。他们生活在主观时间和客观时间的严重冲突中,并一直在其中挣扎。因为人们往往会急于去做即时的事情,而不做对未来很重要的事情。这体现了人类的某些天性,也是拖延对人的影响会这么大的原因。

可以说,没有别的什么习惯,比拖延更能使人怠慢。拖延是可怕的敌人,是时间的窃贼,它会损坏人的品格,败坏好的机会,劫夺人的自由,使人变为它的奴隶。

"病态"的悠闲:还有明天!

"拖延"一词最早出现在美国人类学家爱德华·霍尔于1942年出版的书里。"拖延"的拉丁原文"Procrastinatus",意为"推迟至明天做"。

英国作家塞缪尔·约翰逊曾这样说:"我们一直推迟我们知道最终无法逃避的事情,这样的蠢行是一个普遍的人性弱点,它或多或少都盘踞在每个人的心灵之中。"的确如此,人们习惯拖延,这是不少人普遍存在的一种思维倾向。在拖延患者眼中,明天就是一种幻象、一个可以充满无限遐想的时间。

"今天不想做了,不是还有明天吗?"

"等明天再说吧,我今天实在有点累了。"

"明天还有大把的时间，这点事花不了多少时间。"

……

如此种种，"明天"的借口无处不在。正是借助于这样的幻想，"明天"就成为拖延者最好、最安全的藏身之地。与此同时，"明天"出入各种场合，攻占着人们的思维漏洞。难怪有人这样说："毁灭人类的方法非常简单，那就是告诉他们还有明天。因为告诉他们还有明天，他们就不会在今天努力了。"

于是，办公桌上堆叠的资料总不愿意去整理，直到找不到想要的东西才不得不去收拾；面对堆积如山的待做项目，总想着等等再开始；该打的电话，常常要等到一两小时以后才打；这个月该完成的报表，有时要拖到下个月……

很多人习惯性地把今天要解决的事拖到明天，或许是今天做了太多的事情，或许今天情绪不佳，或许今天做事总是出错，总之今天就不是一个好日子。在拖延者眼里，明天是心中所期待的未来，他们对明天充满了无限的憧憬。

我们不妨看看普通人小李的工作轨迹：

小李是公司策划部部门主管，他工作认真、积极，但拖拉的毛病连自己都烦恼不已。

星期一，小李在上班途中就已经下定决心，当天要着手草拟下一年度的部门预算。小李 9 点整开始工作，但他需要整理一下办公环境，顺便浏览一下新闻。半小时之后，办公桌前已经焕然一新，并且他还泡上了自己爱喝的咖啡。

正当他准备埋头工作时，电话铃响了，原来是一位顾客的投诉电话。小李连解释带赔罪地花了 20 分钟的时间才说服对方平息怒气。

此后，又有几个员工来请示工作，等安排完下属的工作后，他一看表，已经 10 点 45 分了，距离 11 点的部门例会只剩下 15 分钟。他想，反正在这么短的时间内也不太适合做比较庞大耗时的工作，干脆把草拟预算的工作留到明天算了。

看小李的工作状态，是不是有我们自己的"影子"？"明天开始吧"，这是我们惯用的话。但是，明天又会怎样？我们对今天和明天的感觉总是不一样的，总是觉得明天会有更好的精力、更充裕的时间。然而很多时候，明天也许会是"今天"的重复……

我们每个人都应当极力避免将今天的事拖延至"明天"。大多数情况下，一件事总是有期限，这跟我们所买的商品有保质期是一样的。结果是，"今天"你拖延了，"明天"你不得不面对拖延的后果。

对拖延症患者来说，除非在做事情的过程中得到极大的成就感，否则人们往往倾向于拖延。然而，大多数人日常所做的事情并非那么富有激情，拖延也成为人们的潜在倾向。由于人对负面情绪自发的逃避机制，当我们因为去做一件事而感到恐惧、厌恶、抵触、焦虑的时候，拖延经常会自动找上门来。

拖延者知道立即采取行动有困难，于是"凡事向后推"就成为一种人生策略，不断拖延，并希望正好在还未到来的"明天"

能自然解决所有问题，但这几乎是一种奢望。拖延者尽管总是有足够的理由说服自己，但这只不过是自我妨碍与自我逃避。

如果说一件事不存在截止期限，那么拖延自然是再美好不过的事，因为总会有明天。很多人都会以为明天很美好，把事情寄托在明天，可是他们丝毫不知道——不做好今天的事情，其实根本就没有美好的明天。

借口和自我欺骗：如何招来拖延之患

你的周围是否也有被视为"借口大王"的人，他总会有再等一天的理由，总会有不做任务的借口，在他们口中，经常有这样的说辞：

"离最终日期还有好几个星期。"

"我几小时内就能搞定它。"

"我在压力下工作更为高效。"

毫无疑问，另一天终归是另一天。很快一周时间过去了，一个月时间过去了，他所做的事仍然毫无进展。为什么他就看不出来，自己是在掩饰没必要的耽搁，自己所做的只是让借口合理化，从而不断地自我欺骗呢？

大概所有的人都有这样的思维特点：对于该做而没有做的事，总能够找到充分的借口和理由。一旦找到了借口，无论是否能说服别人，但自己的心里已经获得平静。这几乎成为了一种思维惯性，找到借口，就相当于开具了能够麻痹自己的精神良药。

有很多人尝到了借口的"甜头"后，便一发不可收拾，从此陷入了借口的牢笼中。事情还没有开始，各种借口便接踵而至，他们在享受各种借口带来的"便利"的同时，生活却陷入了一团糟。

下面的一则小故事或许对你有所启发。

老师带着他的学生，一起来到某贫困村庄中最贫穷的一个家庭。虽然有心理准备，但是他们还是被眼前的贫穷震惊了：八口之家，破败的房子、蓬乱的头发、孱弱的身躯以及粗糙的衣服、悲哀的面容，悲惨到无以复加的地步。全家赖以维生的只有一头奶牛，来访的老师在临走时，却将这头奶牛偷偷给杀掉了。学生被老师的行为震惊了，质问老师为何这样做，老师不做任何解释，也毫不关心这户可怜的人家失去他们唯一的谋生工具之后命运将如何，径自走了，学生也随之灰溜溜地走了。

回到城里头几天，学生还在担心那家人会不会已经饿死了，偶尔睡不着觉时也会自责一下，但很快就淡忘这件事。直到一年之后，老师建议再次旧地重游，学生的罪恶感才又被勾出来了，悔恨当初老师的行为毁掉这家人，自己作为帮凶也是难辞其咎。

谁知到了那里却发现破房子已经换成了漂亮的新房子，肮脏、贫穷的主人变得快乐、健康而富足，难道奇迹发生了？听了主人的讲述，才知道他有过怎样的经历。当初他们唯一的谋生工具奶牛意外死亡后，这家人经历了绝望和痛苦，最后为了生存只能另谋生路，开辟空地种菜，谁知，他们种的菜不仅能自给自足，还能有多余的可以卖钱，并走上了发财致富之路。

这个故事来源于美国畅销书《谁杀了我的牛》。在这里，"奶牛"象征了所有的借口、托词、理由、谎言、"合理化"的解释、恐惧和错误信念，正是它们将你与平庸的生活捆绑在一起，阻碍了你去实现真正想要追求并应该获得的理想生活。可悲的是，在拖延问题上，我们实际拥有的"奶牛"可能比我们愿意承认的要多得多。

事实上，很少有人愿意承认自己是在编造借口，我们常喜欢把借口看作是事实或是对现实状况的最合理的解释，并把它们当成是无法控制的因素。但是，更多的借口背后其实是个人的惰性心理作怪，因为选择了借口就意味着能享受到"便利"。在办公室中、在商店里、在生活中的每一个地方，我们都能运用借口带来的"便利"。殊不知，在找借口与自我欺骗的同时，也给自己带来了各种拖延的恶果。

每个人心里都有头"奶牛"，当我们不断拖延该做的事时，当把自己不理性的恐惧解释成"谨慎小心"，拒绝挑战而用不想"好高骛远"来辩护的时候，就表示"奶牛"已经出现了，我们的拖延症似乎已经朝着越来越严重的方向发展。

因此，我们要杀死"奶牛"！因为心中的"奶牛"会引导我们继续拖延，它是阻碍我们不断进步的敌人。

漂亮的计划，不漂亮地执行

过于漂亮的计划甚至有可能会毁掉一个人，这样的说法可能让人费解。事实上，漂亮完美的计划有时不过是个幌子，因为做计划并不是一个最有效的手段——计划和执行两个环节中间，并不是无缝衔接的。这就是为什么你能做出很漂亮的计划，但不能漂亮地执行。

举个生活中的例子：我们经常"今天先放松一下，明天要努力工作"。相反，有拖延症的人却往往做到了"今天放松一下，明天再继续放松一下"，这是为什么呢？

从当前的时点来看，人对今天努力工作和明天努力工作的感觉不同。你想的是"明天我要完成几份企划案"，而在预构这个场景的时候，你并不能准确估量明天从事这个工作给自己带来的痛苦，而当下开始所带来的痛苦却是真切的。现在告诉你一周之后你要拼命工作，和现在开始拼命工作，前者总会让我们觉得更容易达成。这也就是说，拖延症患者的自控能力越差，拖延症越严重。

你能做出很漂亮的计划，但不能漂亮地执行计划。而观察那些成功人士，他们的思想水平和角度可能千差万别，但计划与执行的能力是必备的，他也许没有漂亮的计划，但绝对可以有漂亮的执行。

又是新的一天了，小王为自己多日来的懈怠而有所"良心发现"。"我是不是该制订一个详细计划，然后严格按计划执行？这样，既不至于太累，也能保证完成任务。"小王从早上开始就琢磨着这件事。

对，就是要先制订计划！他来到座位上，对着电脑屏幕，看着日历，聚精会神地写着什么。老板正好路过，看到小王如此聚精会神的样子，满意地笑了笑。计划表很快就出来了，小王颇有成就感，他把每天的工作又进行了细分，而自己内心也感受到满足感。

计划完美无缺，该行动了吧？可是，今天的任务还真艰巨，小王开始意识到，今天的时间似乎不太够用，甚至还可能得加班……怎么办？突然间他又充满了焦虑。为了保证今天能完成计划，他强迫自己坐在电脑前看资料。可是，他的心似乎有点不听话，总想着上上网，找人聊聊天。他甚至在内心咒骂自己："你有点自制力，行不行？你的计划白订了吗？"

但是，眼前打印出来的计划书还有余温，他暗暗使了把劲：没问题的，我从现在开始认真看资料，一切都来得及！终于经过了一个上午的时间，资料终于看完了。有计划就是不一样，工作效率也比平时高多了，小王心里这个美，还暗暗称赞自己："状态忒好了！要一直坚持下去。"

当时间到了下午，小王想，上午的工作效率还可以，下午可以稍微轻松一点了。喝点咖啡，浏览网页，稍微一走神儿，两小时过去了。下午三点半，距离下班还两小时。一看时间，赶紧准备写文案，这回他倒是挺自觉。写了一会儿，小王有点乏了，似乎再也找不到上午的精神头。既然暂时找不到什么"灵感"，那就放松一下再继续吧。不知不觉到了下班的时间，但小王实在找不到"灵感"，还是等明天再说吧，打卡，走人！

的确如此，对于自制力差的拖延者来说，做计划绝不是一个好主意。就像小王，能做出一个漂亮的计划，却无法漂亮地执行。想想看，有时候真正吸引我们的并不是完成事情本身，而是做计划时可以"幻想完美"，是这种幻想带给我们短暂的愉悦。哪怕这种愉悦注定不能延续到执行的过程中，但这份愉悦仍然让我们在当下不停地做着计划。

从计划到执行，需要不断地提升自控能力。初步想法定了，行动就一定要跟上。如何把自己手头的任务完成得最好，关注眼前的任务并做到极致，才是最重要的问题。而至于完美的计划如何形成，要有什么样的目标，这些并非不重要，而是有前提。

专注于眼前的事情，这点实在很重要。

零碎的"小岔子"

一天的时间对每个人而言都是公平的，拖延的人到底拿这些时间都做了什么？他们似乎一直在忙忙叨叨，但却摆脱不掉"拖延"的标签。

我们每天都在忙工作，但每天下来的成效却并不高，这种现象也常常发生在我们自己身上，工作中事务繁重，常常难以避免被各种琐事、杂事牵着鼻子走，也就是我们常说的"小岔子"。

不少人由于没有掌握高效能的工作方法，而被这些事弄得筋疲力尽、心烦意乱，总是不能静下心去做最该做的事，或者是被那些看似急迫的事所蒙蔽，根本就不知道哪些是最应该做的事，结果白白浪费了大好时光，导致工作效率不高，甚至拖延了工作的完成。法国哲学家福柯说过："把什么放在第一位，是人们最难懂得的。"

被各种"小岔子"纠缠，导致精力分散，无法高效地工作的现象俯拾即是。而这也戳中了财经编辑张丽的痛处。在这个美好的清晨，张丽是这样工作的。

上班时打开电脑，张丽一副兴致冲冲地准备干活的架势，各种网页窗口排满了电脑屏幕，新建 Word 文档已经拟好了标题，办公桌上摆满了可能要用到的一些书籍资料……不过，这并不意味着她这一天的工作已经开始了。因为，还有一些问题她需要"关注"一下。

看新闻，不过不是财经新闻，而是娱乐资讯，这几乎成了她每天的功课，虽然占用不了多少时间；看视频，不是什么财经名人的讲坛，而是搞笑视频，她喜欢一天的工作从欢乐开始，这也占不了多少时间；看微信，自己发点感触，看看朋友圈的内容，不能与朋友圈脱节，这也占不了多少时间……等到这些事都做完了，想要摒除一切杂念开始工作时，将近一小时已经过去了。

当她好不容易进入工作状态中，零零碎碎的"小岔子"并没放过张丽。自己收了两个快递，给同事代发了一个快递，老同学来京打电话联系晚上一起吃饭，同事 QQ 群里再贫上两句，不知不觉一上午的时间就这么过去了。

回过头来看，张丽一上午的时间似乎没闲着，但电脑上的

Word 文档上只多了几段字而已。已经到了午饭时间了，没办法了，下午接着干吧。再见了，上午！

拖延者总是喜欢把最重要的事无限地往后拖，在上班时做一些无关紧要，甚至是没有用的琐事。譬如张丽，如果没有刷微信，没有聊 QQ，也许她的稿件一上午时间早就已经出来了。可惜，人生没有那么多假如，错过的就是错过了，时不我待。

拖延者的思维，采用的是心理上开小差的方式，传达出的信息是一样的："我先看会儿网页，不耽误时间""我先处理好这件小事，只是举手之劳"，等等，殊不知很有可能这就是正在拖延的信号。

一个不在这些"小岔子"上耽误工作的人，会有效地安排大小事务，做到轻重缓急心里有数，不被琐事牵着鼻子走。如何不被这些"小岔子"牵着鼻子走，变为有主见、高效率的人，拖延患者就要学会时刻牢记把最该完成的事情放在第一位。如果，事无巨细，任由"小岔子"不停地打扰自己，势必会造成手忙脚乱，"两眼一睁忙到熄灯"的境地。

看过或懂得园艺的人都知道：为了使树木能更快地茁壮成长，为了让以后的果实结得更饱满，就必须忍痛将一些旁枝剪去。若要保留这些枝条，那么将来的总收成肯定要减少几成。做事就像培植花木一样，只有舍弃那些"小枝小岔"，才能让自己的全部精力放在主枝上，并且全力以赴地去做好。很多拖延者做事拖延，并不是因为他们喜欢拖延，而是他们不能判断哪些事是"岔子"，使得自己的精力被浪费在了一些没有意义的事情上，从而最终造成拖延的恶果。如果把那些"枝杈"都剪掉，使所有养料都集中到一个方面，那么他们将来一定会惊讶——自己的事业树上竟然能够结出那么美丽、丰硕的果实。

为此，我们应该懂得把最重要的事情放在第一位，静下心去做最该做的事，不再被琐事牵着鼻子走，从而使自己的工作能够稳步高效地进行。

失败恐惧症带来拖延

很多拖延者害怕自己的不足被发现，害怕付出最大的努力还是做得不够好，害怕达不到要求。这种恐惧失败的心理很可能让拖延成为"有效"的心理策略。

他们通过拖延来安慰自己，试图让别人相信他们的能力要大于其表现，他们会认为：自己的潜在能力是出色的、不可限量的。于是，有些人宁愿承受拖延所带来的痛苦后果，也不愿意承受努力之后却达不到要求所带来的羞辱。对他们来说，拖延比人们视其无能和无价值要容易忍受得多。

那些拖延的人往往还没有意识到他们是完美主义者。为了证明他们足够优秀，他们力求做到不可能做到的事情，但面对不现实的期盼，又会变得不知所措。失望之余，他们通过拖延让自己从中退却。

陈润在大学里学习成绩十分优秀，并考入了一个竞争激烈的法律院校。毕业后，带着无比的自豪，他进入了一家颇具声望的律师事务所，他甚至希望自己最终能够成为事务所的合伙人之一。

终于陈润参与到一个案件中，他对案件做了很多思考，但是不久他就开始延误很多他该做的事情：必要的背景调查，约见客户，撰写案件小结等。他想要他准备的内容无懈可击，但是面对如此之多的线索，他感到简直无法承受，不论早晚，他都会陷入僵局。虽然他每天依然很忙碌，但是他知道自己这些天没有做成任何事情。

这似乎有点儿令人匪夷所思，学校里优秀的陈润应该可以成为出色的律师，他为什么要通过拖延来回避自己梦寐以求的工作呢？最主要的原因在于他害怕失败，害怕失败的想法让他宁愿拖拖拉拉，也不愿自己的表现被人评判。

对陈润来说，他刚开始的工作是衡量他是否具有作为一个好律师的能力，但如果他没有被人刮目相看，那么他将会受到轻视。他认为自己无法承受这样的结局。

易卜生说："如果你怀疑自己，那么你的立足点确实不稳固了。"当你总是怀疑自己行不行、能不能，那么往往会影响到你做这件事的决心，甚至放弃做该事情，从而产生拖延行为。

这无疑是十分糟糕的，这种恐惧会让我们在做某些事情的时候变得懦弱，甚至变得懒散。当领导交给你一份工作，你怀疑自己做不好，担心在操作中出问题，你在工作中战战兢兢，当别人只需要一两天就能完成的工作，你却需要三四天甚至是一个星期，最终的结果就是不断地拖延。

临近下班时，聂小平把做好的方案传给了领导，心里终于松了一口气。在他看来，这个方案虽然没有体现出他真正的实力，看起来也没有多少亮点，但版面设计清晰、美观，还是有可取之处的。

第二天早上上班，聂小平就收到了领导发来的邮件，点开一看也是一份创意策划书，这份策划书从故事构思，到文字表述，再到广告语，都体现出了创新性，很打动人。

"领导发给我这个是什么意思？"聂小平心想。

答案很快就揭晓了。领导叫聂小平到办公室，说："你看一下，这是新来的实习策划做的。这个策划案，他用了不到两天的时间，我觉得创意还是挺不错的。你的那个策划案可以借鉴学习一下。"

领导的意图再明显不过了，聂小平当时只觉得自己口干舌燥，内心烦乱，甚至有点压抑。这一刻，他甚至开始怀疑自身的能力了，自信心受到了严重的打击。在领导眼里，他这个公司的"老人"没能给领导一个漂亮的策划案，可新来的实习策划却做到了。

"为什么新来的策划都能做出来，我却做不出来？他就用了不到两天的时间，我却花了三四天的时间来看资料？是不是我的能力真的不如他？"这几乎成了小聂的"心病"，折磨了聂小平很久。在后期修改和完善这个策划案时，他觉得自己一直找不到状态，几经拖延之后，这个方案仍然没有得到提升。

最后的方案由领导出面反复与客户协商，才勉强被对方接纳，可想而知，这样的结果对于聂小平而言，无疑是个"大跟头"。

聂小平在后来修改方案的过程中不断拖延，最终还是没有让客户满意，主要原因在于他对自己能力的质疑。因为对自己能力的不自信，致使他不能完全放开手脚、集中心思去修改方案，而他的潜在能力也被束缚了。

如果我们在做一件事情的时候失败了，如果我们过度在意成败或对自己深切自责，便会产生挫败感，继而产生逃避心理并养成拖延的习惯。我们所需要做的是，减少对自己的怀疑，提升做事的效率，避免因此而产生的拖延。

网络让我们在拖延的路上越走越远

如今已经是互联网时代，互联网已经深刻影响人们生活的方方面面，互联网在带来信息便利的同时，可供消遣娱乐或打发时间的优势已成为不少人逃避工作的借口。这是因为，人们的日常工作大多离不开电脑，每天的工作几乎都从启动电脑、登录网络开始，却常常被网络信息"诱惑"，从而把该做的工作推后、拖延。这也是网络被不少人视为"拖延症"的罪魁祸首之一的原因。

有人说，拖延症是互联网时代的重要特征，这种说法有一定的依据。而现代人生活的互联网时代是一个信息爆炸的时代，所以对于一个现代人来说，他的注意力会彻底碎片化，他的大脑每天都要消化大量的信息，只不过这里面也包含着大量的垃圾信息，由此大量的时间和精力都被这些信息白白地消耗掉，他将因此患上极其严重的拖延症……

小黎是一名高中生，和大多数年轻人一样，他的喜好是上网。7点左右他就完成了作业，于是坐到电脑前，因为他已经下定决心，今天要写完一篇作文的。写作文当然要收集一些素材，于是他开始浏览网站以及本地的论坛。他预期8点就写完作文，等看完论坛，已经9点了。这时，他觉得不能拖延了，于是一边看一边写，然后只看不写，然后时间就到11点了。还是洗洗睡吧，没有完成的作文，还是明天再写。

实际上，我们也能够很轻松地理解，我们或多或少都有类似于小黎这样的拖延经历。当我们无所事事地在电脑上刷网页、微博等，又或者是在手机上刷朋友圈，不经意间一天的时间很快就会过去。

互联网对我们生活的影响是巨大的，科技改变了我们的生活。无处不在的网络、智能手机、平板电脑等，我们无时无刻地依赖着这些东西。但是，我们可曾想过，当自己临睡觉的时候，我们却没有因为这忙碌的一天而感到充实，自己浏览的那些网页和信息，却不是有效的信息。你只是看之后，乐呵一下便忘记了，仅此而已。

的确如此，我们有电脑、有手机、有网络，这给了太多拖延的借口和便利，我们唯一能做的就是远离手机、远离网络。

选择在自己头脑最清醒的那段时间，把自己的电脑当作已经断开网线的状态。也许最初你对此还挺不适应的，因为在工作的过程中，你有时需要上网查资料，有时则需要在网上和别人联系。

如果有些资料不立刻去查，眼前的工作就没法干下去了，又或者还会碰到一些只有上网才能搞定并且特别紧急的工作，只有遇到这样的情形，你再开始上网。如果是那些不用立刻去查的资料，还有那些必须借助于网络但不太紧急的工作，你可以将它们都记在工作手册上，回头找时间完成。

归根结底，在做事情的时候，关闭电脑、关闭网络、远离智能手机，当我们远离这些，你的生活并不会受到实质影响，而且你将有更多的时间去做自己应该做的事情。

如果你能坚持一段时间，你也许会进入这样的工作状态：工作是工作，上网是上网，这将会大大提高你的工作效率，它使得你可以很轻松地完成每日工作计划。更为重要的是，这种工作方法还有可能治愈你的上网成瘾型拖延症。

解读：

拖延症的三种类型：鼓励型、逃避型、决心型

"拖延症"现在几乎成了社会的一种通病，引起了不少学者的研究。心理学家根据拖延者的不同表现形式，将其分为以下三种类型：

一、鼓励型

鼓励型拖延症，或者说找刺激型的拖延症，这样的拖延者盼着在最后完成时间内忙碌带来的快感。一个人认为自己五天之内可以完成一件任务，当还有两个星期的时候，他绝对不会去考虑开始为这件事情做一些准备，直到最后剩五天的时候才开始。

有些人非常享受在这种紧迫感下完成任务给自己带来的乐趣，觉得压力就是一种动力。并且从结果上来说，完成的结果一般都还差强人意。所以由此强化了某些人把事情一拖再拖直至最后的心态，并且对他们的拖延行为进行暗示，强化这种判断。

案例：

一个以写作为生的自由职业者小凡在讲到拖延时是这样说的："如果我在截稿日期的三个星期之前开始工作，我得实打实地工作三个星期。我宁愿等到只剩三天时间，这样我只有三天时间是辛苦的，至少另外两周半时间我可以过自己的生活。"在他看来，不到最后一刻坚决不出手。

他并非没有反省过拖延的危害，但他觉得要是没有了拖延，自己真的很难在紧迫的时间内找到写作的乐趣。

二、逃避型

对于某些拖延者而言，过去一些失败经历的记忆会长期停留在脑海中，从而形成心理畏惧。当他们面临类似的问题时，就有一种逃避的欲望，而最好的应对方法就是不断拖延。

那些逃避型的人害怕再次失败，他们害怕被人看出自己的软弱和无能，从而通过拖延来掩藏自己。所以，他们推迟送出应聘信，以至于影响了他们被录用；他们推迟参加马拉松跑步的训练，从而使自己在比赛中无足轻重；他们延误学习，从而使自己成为升学考试的出局者……

但是，逃避不是解决问题的办法，必须要明确这一点。

案例：

设计部的小晖虽然很有才气，但却是公司知名的"拖拉机"。比如上个礼拜总监给部门开会，说是接下一个大单子，要设计部门全力配合，做出一套完美的设计图。总监还把主要任务交给了小晖，要求内容前卫、时尚，还说"非常看好你"，搞得他心理压力很大。

小晖不由得想起自己刚来公司时，也是接受了一个大项目，结果却完成得并不好。这让他现在深感压力，于是他整天在思考这个方案，茶不思饭不想，却没想出让自己特别满意的切入角度。这两天休息，总监也没让他清闲，反复打电话来催，有一次还在电话里发了脾气。

小晖这一周来的日子其实很难过，虽然整天坐在电脑前，但始终无法开头，从天亮坐到天黑，发现自己不是在 MSN 上聊天，就是不停地刷新微博，甚至还会去看自己平时很少关心的国际新闻。

其实拖延的人真的不是所谓的懒惰或者没有责任心，而是混杂着内疚、焦躁、逃避等种种复杂情绪，于是他们去做一些有趣或有益的事情来逃避工作，甚至还会去做一些平时讨厌的事情，其目的之一在于暂时逃避现实，小晖就是这样。

三、决心型

决心型拖延者容易受到外界或自身因素的影响，他们手头有紧迫的任务，却迟迟不去动手。作为决心型拖延者，他们往往制订好了完美的计划，却始终看不到他们的行动。

对于迟迟不下决心或者下不了决心的人，他们需要做的是对自己"狠"一点，而不是总停留在口头的层面。

案例：

几年前，临时居住在印度的美国经济学家乔治·阿克洛夫计划了一个简单的事情：将一箱衣服从印度邮递至美国。这些衣服是他的一个朋友来看过他之后落下的，所以阿克洛夫急着想将它们送回去。但是考虑到邮寄衣服会遇到一个问题：印度的官僚体系和阿克洛夫自己称作"我在这些事情上的无能"使之成为一件麻烦事——他估计邮寄衣服将可能占去一整个工作日的时间。于是他一周又一周地推迟处理这件事情。

这样一直持续了8个月之久，直到阿克洛夫自己都快要回国了，他才不得不去解决这个问题：另外一个朋友恰好也要寄一些东西回美国。于是阿克洛夫得以将他需要寄回美国的衣服连带着一同捎回去。考虑到洲际邮件的不稳定性，阿克洛夫很有可能比这批衣服提早到达美国。

第二章
拖延到底坑你有多深

有人认为："拖延其实就是一种慢性自杀。"这不是危言耸听，拖延会慢慢地消磨人的心智，慢慢地吞噬人的健康，这听起来是否比死亡更可怕？

拖延症的危害是广泛而严重的。在不断拖延的过程中，人们所面对的事情、问题、麻烦不会减少、不会消失，反而会更多、更严重，越是拖延，内心越是焦躁，越往后心理压力越大。拖延行为会使得人们浪费时间和精力，难以达到自己的预期目的，遭受种种损失。在拖延中焦虑，在焦虑中又拖延，如此恶性循环，生活不顺利，工作低效率……

如果你还没意识到拖延症的负面威力，那你真的有必要了解拖延症所带来的可怕"真相"了。

拖延与颓废：能力在拖延中衰退

拖延是一种很坏的习惯。今天该做的事拖到明天完成，现在该打的电话等到一两小时后才打，这个月该完成的报表拖到下一月，这个季度该达到的进度要等到下一个季度，等等。

因为拖延，没有解决的问题，会由小变大、由简单变复杂，像滚雪球那样越滚越大，解决起来也越来越难。从自身角度来说，过了一段时间，当你再次想起来强迫自己继续时，你会发现自己无法具备当初的工作能力了。事实上，拖延将使你的能力不断衰退。

林晃在一家公司做产品工艺设计员，他经常埋怨、找借口、推卸责任，还利用工作时间和同事聊天，把工作丢到一旁而毫无顾忌。别人提起，他总是说："等一会儿再做""明天再做，有的是时间"……

渐渐地，他做事变得拖沓起来，效率低下。要他星期一早上交的方案，到了星期二早上依然尚未做完，经理批评他，他就带着情绪工作，把方案做得一塌糊涂。后来，林晃在接到工作任务时，不是考虑怎样把工作做好，而是能拖则拖，没有主动性。时间长了，他已经无法掌握到工作的要领了，而且因为同事们的迅速成长，他成了公司最末流的员工。因为能力低，不能按时、按质完成工作，经理也不愿再交给他重要任务，只让他做最简单的方案。

如果我们总是在说，"我应该去面对它，但现在对付它还为时过早"，那么，你的"拖延症"将会最终导致工作能力的不断退化。

可以说，拖延是最具破坏性的，它使人丧失进取心、迷失方向。一旦开始遇事拖拉，就很容易再次拖延，直到变成一种根深蒂固的习惯，为自己的成功制造不可逾越的鸿沟。任何憧憬、理想和战略，都会在拖延中落空。

初入职场的年轻人身上往往有一股逼人的朝气，但职场"老人"则会经常打击他们："等你们混得久了，就不会这么有激情了。"当年轻人也逐渐变成职场"老人"时，他们大多数人会发现当初的"老人"的话真的很对，以至于很多人将"岁月就是一把杀猪刀"的话挂在嘴边。

已经在公司混迹了四五年的"老人"曹伟也经常这样。遥想刚进入这家公司时，那时候可真是雄姿勃发。进入了自己喜欢的行业，他期待着在职场上大展拳脚，尽情地发挥自己的才能，感觉前途一片光明。当时，每接到一个新任务，曹伟都全身心地投入，总是以最快的速度、最好的质量来"交差"。站在如今的角度回头看过去的成品，甚至觉得有点"小儿科"，可那时的自己一直在进步，而现在总是感觉自己在吃老本了。他甚至有点不太喜欢现在的自己。

他回想起自己目前的状态：不管什么事，总是要拖到最后才开始去做，一点自控力都没有；但凡稍有麻烦的事情，都坚决持逃避态度，心想着"烫手的山芋接不得"；被动地接受现状，很少主动研究存在的问题。遇到棘手的工作内容，曹伟就想着退缩、辞职不干；就算是手到擒来的工作内容，做得也是马马虎虎，可能是因为心里有底，就更加不会全身心地投入了。

生活的可怕之处就在于此：安于现状。最尴尬的就是曹伟这样的，整个人却又像是被卡住了一般，不安心就这样混下去，但又习惯了拖延来适应现状。

拖延症害人，这是绝对的真理。你一手促成的拖延将侵蚀你的意志和心灵、消耗能量，摧毁创造力，阻碍你个人潜能的发挥。

每个人在自己的一生中，都有着某种憧憬、某种理想或某种计划，假如能够将这些憧憬、理想与计划，快速加以执行，那么，其在事业上的成就不知道会有多大！但是，如果人们有了好计划后，并不去快速执行，而是一拖再拖，就会让热情逐渐冷淡，让能力逐渐消磨，计划最终会失败。

如果拖延的问题不解决，恐怕这辈子都只能浑浑噩噩地度过了。

在拖延中流失机会

博弈论中有个"分蛋糕博弈"模型，其基本含义就是：当我们在谋划如何获得最大利益的时候，收益有可能在不断缩水。

机不可失，时不再来，这是任何人都明白的道理，但是仍然有许多人却习惯了拖延，当行动起来的时候，最好的时机已过，过去所有的努力都白白浪费了。

许多人做事总喜欢拖延，殊不知，选择现在不做，也许就等于选择了永远也不做。"沸水煮青蛙"能说明这个道理。

把青蛙直接扔进沸腾的水中，青蛙的神经刺激反应很快，它会马上跳出来。反过来，如果把青蛙先放进20℃ ~ 30℃的温水中，再给水逐渐加热，直到沸腾为止，这个过程中青蛙没有任何反抗，直到最后被活活烫死。

水温过高，为了保全性命，青蛙会毫不犹豫地立刻跳出，所以青蛙在第一种情形下安然无恙。但是，如果一开始把青蛙泡在温水中，它会忘乎所以地在水里游来游去，根本就察觉不到水温在变化，神经系统反应也不灵敏，等发现异常时，已经奄奄一息，没有跳离沸水的力量了，只能坐以待毙。

这种情形也发生在人身上。我们常常习惯于安于现状，习惯于在接到任务的时候能拖则拖，不到紧急关头不愿意有所行动，等到时间越来越长，到最后错过了最好的行动时机，就如置身于水深火热之中，苦不堪言，工作业绩也会一塌糊涂，什么事情也干不成。

好的机会往往稍纵即逝，如果当时不善加利用，错过之后将后悔莫及。很多人都能下决心做大事，但是，只有一部分人能够选择不拖延，也只有这部分人是最后的成功者。

1973 年 6 月，在美国哈佛大学，18 岁的科莱特认识了与他同龄的一个年轻人，这个年轻人长着一副娃娃脸，满头金发。大学二年级那年，这位小伙子邀请科莱特一起退学去开发 32Bit 财务应用软件。

这对于科莱特来说，是他想都没想过的问题，因为他来哈佛是求学的，不是来闹着玩的。再说，关于 Bit 财务应用软件，他们的导师才教了点皮毛，要开发 Bit 财务应用软件，还有诸多的困难。他委婉地拒绝了那位小伙子的邀请。

10 年后，科莱特成为美国哈佛大学计算机 Bit 财务应用软件方面的学者；而那位退学的金发小伙子则在这一年进入了亿万富豪排行榜。当时间到了 1995 年，当科莱特准备研究和开发 32Bit 财务软件时，而那位金发小伙子则已开发出 Eip 财务软件，其性能比 Bit 软件快 1500 倍，并且在半个月内占领了全球市场，这一年他成了世界首富。这个金发小伙子有一个代表着成功和财富的名字——比尔·盖茨。

如果当初盖茨有了创立公司的想法，有了献身 IT 事业的决心后，却等到大学毕业才开始，这中间难保有另外的想法冲击盖茨，如果真是这样，也许我们今天看到的世界首富也就不是盖茨了，那个在 IT 行业占尽风头的也就不是微软公司了。

做事情拖延、找借口的人总是把事情推到明天，今天想明天，到了明天却又在怀念昨天，殊不知，现在的时光是你能够有所作为的唯一时刻。只有在当下马上行动，才能在日后有所收获。

须知道，人生有很多机会，都只出现一次，然后就再也没有了。如果我们面对这绝无仅有的机会，由于惧怕和其他种种问题而不去做的话，机会就会一去不复返。所以，拒绝拖延的恶习，这才是优秀者应有的态度。

你拖或不拖，问题都在那里

你打算什么时候开始完成手头上的项目？你在等什么，还有什么没准备好？你在等待别人的帮助还是等待问题自动消失？无论我们如何拖延，问题依然会存在。只有积极行动起来，才能让问题消失，这才是解决问题的关键所在。

拖延并不能使问题消失，也不能使解决问题变得容易，而只会使问题深化，给工作造成严重的危害。与其把时间浪费在拖延上，不如把时间省下来，多想出几个解决方案。

大多数人面临问题的时候，总是习惯性地寻找各种理由为自己的懒惰、懦弱、无能和失误做掩饰，但这根本就是饮鸩止渴，不能为问题的解决提供任何实质性的帮助，甚至使得问题变得更加复杂，更加难以解决。很多时候本可以及时处理的一个小问题，却因为拖延，最终变成了工作中最难啃的一块硬骨头。

李平是一家企业的经理助理。3 年来，他勤奋努力，事必躬亲，比经理还要忙，可不但没有任何升职加薪的迹象，而且还让经理到了忍无可忍想要换人的地步了。这究竟是为什么呢？李平有个致命的缺点：非拖到不能再拖的时候，才动手去处理，结果使问题越积越多。

有一次，经理要赴国外公干，要在一个国际性的商务会议上发表演说。他交代李平把所需的各种物件都准备妥当，包括演讲稿在内。李平想时间还有一周呢，等会儿再做吧。他突然想起上几周那些复杂的销售报表还没写，需要报到总部的销售分析报告也还耽搁着。他吓出一身冷汗，立即忙了起来。好不容易忙完了，他刚想歇会儿的时候，经理就打电话问李平："你负责预备的那份文件和数据呢？"于是他立即着手去做，熬了一个通宵终于在第二天早上把文件交到经理手里，但是经理的脸色始终阴晴不定，因为他明显看出文件准备不充分。

李平的忙碌没有获得应有的回报，拖延使得工作上的问题像滚雪球那样越滚越多，越来越难以解决，使他心力交瘁，疲于奔命。

任何事情的完成都不是一帆风顺的，在工作的过程中很可能荆棘密布，在困难面前我们应该如何行动呢？当任务降临时，应该以一个勇者的姿态来面对困难，筹划对策，积极执行。

稻盛和夫在进入公司大约一年，便接受了一项新任务。他负责研究开发一种叫作"镁橄榄石"的新型陶瓷。它绝缘性能好，特别适用于高频电流，是用作电视机显像管的最理想的绝缘材料。与当时另一种比较传统的材料滑石瓷相比，它的优势非常明显，应用已呈现爆发式增长。

这种新型材料在合成成型方面却没有成功先例，可谓是前无古人。无论是对于稻盛和夫还是对于公司来讲，"镁橄榄石"的研发是一只拦路虎，来势凶猛、迫在眉睫又极具挑战性。

单位里设备简陋，稻盛和夫绞尽脑汁反复试验，可结果总是不理想。于是他昼夜不分、苦思冥想，几乎痴狂地进行试验，最后终于合成成功。

后来稻盛和夫得知，成功合成"镁橄榄石"的除了自己，只有美国的通用电气一家。所以当时稻盛和夫研发的"镁橄榄石"成为业界的焦点。

最早以"镁橄榄石"为材料开发成的产品是"U字形绝缘体"。松下电器产业集团中负责显像管生产制造的一个部门向京瓷下了订单。当时日本家庭显像管式电视机开始普及，"U字形绝缘体"作为电子枪中的绝缘零件，最为理想不过了。

开发中最棘手的问题是"镁橄榄石"粉末非常松脆、不易成型。像和面一样，需要有黏性的材料。添加黏土可以增加黏性，但无法去除其中的杂质。

稻盛和夫每天思考、反复试验，然而费尽心思却不得要领。

有一天，稻盛和夫一边想着如何解决这个难题，一边走进实验室。他不经意间被某个容器绊了一下，下意识一看，鞋上沾满了实验用的松香树脂。就在那个瞬间，他脑海中灵光一闪：就是它！

稻盛和夫立即将松香与陶瓷粉末合成，这次成型成功了，而且将它放进高温炉里烧结时，松香都被烧尽挥发。这样成品"U字形绝缘体"中就没有任何杂质了。曾那么令人头痛的难题居然迎刃而解。

拖延是一种消极的心态，往往会使问题的难度增加，于解决问题无益。我们在工作、生活当中更需要告别拖延，积极地面对和解决所有的问题。遇到困难和问题不再选择拖延，这是我们从稻盛和夫的经历中得到的启示。如果稻盛和夫找点借口，对工作拖延、打折扣，最后的结果可想而知，他不可能拥有创造价值的机会。

不拖延，这是面对困难和问题时的一种积极态度，也是使自己不断进步的重要保障。

"压力山大"很烦人

也许有人觉得，压力会带来动力。没有压力我们会变得更懒散和拖延。因此，给自己压力往往成了这些人战胜拖延的"秘诀"，但其实不是这样。

不少拖延者的一大谎言是，认为时间的紧迫会让他们更具有工作效率。惯于拖延的人可能有这样的借口，如"我明天会更乐意做这件事""我在压力下能更好地工作"，而实际上，等到了第二天，照样没有工作的热情，在压力下也不见得工作出色。

心理学家张侃认为，工作越多、压力越大，越容易拖拉。可以说，拖延总是伴随着压力而生的。压力会在很多方面造成拖延，巨大的压力让我们逃避带来压力的工作。

心理学家发现，尽管压力感可以带来一定的效率，但一件事拖到最后，会面临巨大的时间压力，在这种压力的逼迫下做事，会消耗更多的心理能量，让人充满忧虑、焦灼和内疚感。

压力和动力之间的关系，是一个倒 U 形曲线。当压力强度在曲线转折点的那个最高点上，人的潜能最容易被激发，压力最能创造动力。但是过了这个值以后，压力会产生更多焦虑、抑郁等负面情绪，当我们自觉无法应对压力时尤其如此。于是我们陷入了这样的怪圈：压力越大，我们越需要时间和精力来放松。放松后回头一看，原本就很紧迫的时间又消失了些，压力更大了，只好继续放松。压力和拖延就这样形成了恶性循环。

某大学的小李本是品学兼优的学生，父母为供他读书四处举债，而这让他感受到了不少压力。大四那年，小李却面临这样的窘境：如果无法在一学期之内修完之前落下的 6 门课，他就要被延期毕业，甚至退学。可就在这时候，他沉溺于网游。他完全知道自己顺利毕业参加工作对这个家庭的意义，但是在此时他却选择了逃避。他甚至想，毕不了业去干体力活，也能帮家里分担负担。小李同学的拖延症很大程度上来自家庭经济压力。

人有一种"习得性无助"的无奈感，时间压力有时候会让人产生这样的习得性无助：那种我再努力也无法赶上时间进度的感觉。这时候，压力除了制造焦虑，再也不会激起人努力的欲望了。从这个角度来说，压力是拖延症最忠实的盟友，甚至可以说，拖延症的问题，某种意义上，也就是压力管理问题。

晚上，高波坐在客厅里看电视，但是显得有点无精打采。老妈在屋子里忙前忙后，看到有点不在状态的儿子，她问："出什么事了，怎么像霜打的茄子？"

"没事，就是最近特别烦！"高波在老妈面前倒也不伪装。

"你去玩会儿游戏吧！心情烦的时候，就去玩游戏。"老妈绝对是最心疼儿子的人，想方设法让儿子不受委屈。

"这几天我也没有玩游戏的心思，没什么意思。玩的时候，一直想着还有工作没做出来，周一就得交方案了，心里特别着急。

一着急吧，游戏就玩不好，总是输，然后就更心烦，整个人都不在状态。"高波如实地说出了自己的困扰。

"后天就要交了，那你怎么还在这里待着？赶紧去做啊！"老妈显得十分着急。

"我知道时间很紧，可就是不想动。一想起工作的事，半天都找不到头绪，不知道死了多少脑细胞。昨天我就挺烦的，可想着不是还有今天吗？也就没往心里去。可到了现在，我还是静不下心来，一直拖着没动，我心里都快急死了……"

高波嘴上虽然很着急，但是还窝在客厅没有动弹。其实，深受压力而又选择拖延的人，何止高波一个人呢？所有拖延的人都似乎是同样的表现，心里压力山大，手里却还在点着微博、微信、淘宝，绝对会将工作拖延到最后一刻。

很多人在工作的时候，会有这样的体验。工作任务不紧的时候，他也不会早早完成工作，假模假式地在那里耗着。等到压力真正降临时，他又开始焦头烂额，一边抱怨压力大，一边辛苦地干活，但他却不知道这些压力都是自己造成的。

如果我们从一开始就有条不紊、从从容容地开展工作，心里应该会更加踏实，完成任务之后也会更有成就感。不过，这样的感受，受压力困扰的拖延症患者似乎很少体验过。他们所感受到的，不过是拖延与压力恶性循环之后带来的烦恼和苦闷。

拖延你好，成功再见

一些习惯拖延的学生会说："许多人都在玩，我又何必这么紧张呢？"那些习惯拖延的职员会说："大家都这样工作，我又何必这么认真呢？"那些习惯拖延的人会说："等以后再努力，今天又何必这么努力呢？"……

每当要付出辛劳时，总是能找出一些借口来安慰自己，总想让当下的自己轻松些、舒服些。人们都有这样的经历：清晨闹钟将你从睡梦中惊醒，你想着该起床了，一边又不断地给自己寻找借口"再等一会儿"，于是又躺了 5 分钟，甚至 10 分钟……

拖延的背后其实是个人的惰性心理作怪，因为选择了借口就意味着能享受到"便利"，同时也带来了"思考放弃症"。在享受"思考放弃症"带来的便利的同时，也推掉了可能降临的机会。

当 J 先生还在上小学的时候，他不想做老师布置的作业，他对自己说："不要紧，老师布置的功课太多。"参加工作后，面对工作上的种种难题，他又对自己说："刚毕业的学生，不懂的地方多着呢。"中年的时候，和 J 先生同时进入公司的同事，都已经节节升迁。J 先生却不以为然地说："他们不比我聪明多少，只是机遇比我好一点罢了。"

在他退休的时候，一切在轻松悠闲中已经过去了，他什么也没有得到。J先生这时才蓦然发现，往事不堪回首："其实有很多机会，我抓住了都可能获得晋升。比如有一次，公司想派我到西部去掌管分公司，但是需要我在一个项目上展现实力，但自己却因为拖延没有把项目做好。"

一旦因为拖延替自己开脱责任后，人的一生自然会享受到种种"便利"，但最终也会注定人生的碌碌无为。

我们盘点自己的得失时，对拖延的利弊应该有更清楚的认识：拖延得到的暂时"便利"，终会换来今后的"沉重"人生。

小郭工作5年来，不仅没有得到晋升，甚至面临着失业。是什么导致了他这样的境遇？

刚进公司的小郭是个非常有竞争优势的年轻人。顶着名牌大学毕业生的光环，但是，他来到这家公司后，发现现实与自己的理想有偏差，对工作、企业都产生了抵触情绪。他觉得自己的学历比别人高，能力比别人强，却屈尊在小公司里，于是终日浑浑度日，有事情也不积极解决，能拖则拖，寄希望于时间可以解决一切。

更让同事们不能容忍的是，他总是仗着资历老，在紧急的项目面前不紧不慢的，"别着急啊，这个工作我做了几年了，两天就完了。""现在没兴趣，过几天再说吧。"在小郭的拖延中，很多问题都得不到解决,和他一组的同事却因为他一起受到了公司的惩罚。

同事们不愿再与他协作，上司也对他产生了看法。而小郭却没有意识到自己的问题，对待工作仍改不了拖延的毛病。5年时间下来，小郭做好的项目屈指可数，上司越来越不满意他的表现了。

平庸者的经典台词往往是："缓一缓吧，明天一切都好了！"用这种思维方式，用这种逻辑为自己开脱的人比比皆是。某种程度上，一个人在拖延问题上所表现出来的态度是他走向卓越或平庸的分水岭。平庸者遇到问题只会不断拖延，成功者面对困难积极想办法解决问题。

与拖延拥抱，也意味着与幸福远离。看"幸福"的"幸"字很有意思，它和"辛苦"的"辛"字长得很像，简直是一对孪生兄弟。在"辛"上多一点努力就变成了"幸"，或者说辛苦跨一步就是幸福。这也正说明了辛苦和幸福的关系，辛苦一下，幸福就来了。选择不拖延，多一点辛苦，幸福和成功也就近了。

选择不拖延的生活方式，这是一种全身心地投入人生的生活方式。当你活在当下，而没有过去拖你的后腿，也没有迷茫阻碍你往前时，你全部的能量都集中在这一时刻，生命也因此具有一种强烈的张力，你可以把全部的激情放在这一刻，你的成功也就近在咫尺。

第三章

戒拖，你得扛得住诱惑

拖延形成的原因是复杂的、多因素的。对于"战拖"斗士们而言，改变拖延需要一个漫长的过程，不是一两句话、一两种方法就能办到的。

要战胜拖延，就得先从心理和行动上克服拖延症带来的种种便利。如果拖延的便利一直存在，那么人始终会处于一种期盼拖延的状态，拖延将成为唯一的选择。你，要任由拖延症继续发展下去吗？"战拖"，就从抗击拖延带来的诱惑开始！

不要陷入"内卷化"效应

美国人类文化学家利福德·盖尔茨在 20 世纪 60 年代末提出了"内卷化效应"，它是指一种社会或文化模式在某一发展阶段达到一种确定的形式后，便停滞不前或无法转化为另一种高级模式的现象。如今，内卷化效应在职场中表现得尤为突出。

"没神经、没痛感、没效率，对职业充满倦怠，整个人就像橡皮做成的一样"，这是对职场上一些人的画像。他们通常可能还会表现出情绪的懈怠、工作的拖延等。这样的人广泛存在于我们周围。面对屡见不鲜的职场橡皮人的内卷化现象，人们不禁要问：他们为何停步不前？是天赋欠缺，勤奋不够，还是运气迟迟没有垂青？

其实，根本出发点即在于其态度。人们常说，信念决定命运。如果一个人认为自己这一生只能如此，那么命运基本也就不会再有改变，生活就此充满自怨自艾；如果相信自己还能有一番作为，并付诸行动，那么便可能大有收获。如果一个人认定此生再也没有进步的空间，那么他进步的动力将消失殆尽，前途也将不做他想，一直自我重复，也不可能有新的进步。

要始终保持一份积极的心态，不虚度每一天，不原谅每一天的懒散，克服浮躁，用精益求精来勉励、监督自己。

洛杉矶湖人队前教练派特雷利在湖人队最低潮时，告诉球队的 12 名队员说："今年我们只要每人比去年进步 1% 就好，有没有问题？"球员们一听："才 1%，太容易了！"于是，在罚球、抢篮板、助攻、抢断、防守 5 方面，每人都各进步了 1%，结果那一年湖人队获得了冠军，而且夺冠的过程很轻松。

有人问派特雷利教练，为什么能这么容易得到冠军，教练说："每人在 5 个方面各进步 1%，合计则为 5%，12 人一共 60%。一年进步 60% 的球队，你说能不得冠军吗？"

每个人只要抱着进步 1% 的信念去努力，就会有意想不到的收获。如果你仅仅满足于现在的表现，你只会陷入"内卷化"的泥沼，最终拖延不前。

一个人要摆脱内卷化状态，迫切需要改进观念。如果你的思想停留于怨天尤人或者安于现状，对职业没有规划，对前途缺乏信心，对内卷化听之任之，人生将会由此停滞不前。反之，如果有了奋发向上的觉悟，也就拥有了上进的信念，在这种信念的鼓舞下，一个人才能充分发挥出自身的潜力，让能力变成价值。

　　分析内卷化的原因，能力是另一个重要方面。只有将能力发挥到淋漓尽致，个人价值得以体现，他们才能重燃工作激情，进而积极努力。

　　当企业赋予你一项重任时，一定要做到超越企业的期望，千万不要满足于得过且过的表现，要做就做得更好。在追求进步方面，不要做到适可而止，一定要做到永不懈怠；在知识能力方面，不要满足于一知半解，一定要做到融会贯通。只有如此，才能在追求进步之中成就自己，成为企业发展天平上更重要的一个砝码。

　　内卷化对每一个人的资源消耗都是巨大的，包括时间、精力和意志。要切记，走出内卷化，克服拖延症，要靠自身的努力。这种努力来自强烈的求知欲望和顽强的上进精神。只有充分发挥自身力量，才能突破自我、表现自我、超越自我，从而使得职业生涯呈现出一片勃勃生机。

正视你的"审美疲劳"

　　"审美疲劳"原本是美学术语。具体表现为对审美对象的兴奋减弱，不再产生较强的美感，甚至对对象表示厌弃。

爱情中存在审美疲劳的现象：再漂亮的美女，看久了，也会没有了视觉刺激。工作也有"审美疲劳"。长期处在同一领域，每天都要大量地接受相同的信息，难免会产生厌烦的感觉以及心理上的疲劳，从而失去最初的新鲜感，感到乏味、枯燥，提不起精神，引发职场倦怠，进而产生拖延工作等行为。

　　一个人进入一家企业，通常有"三天""三个月"和"三年"这三个关卡。也就是说，上班三天，便会心想："原来公司不过如此！"原本的幻想在此时几乎烟消云散。三个月时，对公司的状况与人事都已熟悉，被交付的工作也大概都可以应付，便开始进入东嫌西嫌的批评阶段。从上司说话的态度到办公室的布置，每一件事都有能挑出毛病的地方。经过三年之后，差不多也可以独当一面了，这时是最易产生拖延症的阶段。

　　从以上三个"关卡"可以看出，一般员工在经过最初的摸爬滚打之后，容易产生消极的思想，认为自己这辈子已经步入一个既定的轨道，不再有种种年轻的努力与上进心，对工作则是能拖则拖，对工作已经产生了应付的心理，甚至是不满的心理。

　　实质上，一般情况下，产生职业审美疲劳的原因是由于长期的重复性劳动。对于工作本身的厌倦感，已经使自己无法对自身的工作成果产生主观上的满意，即职业满意度不足。在没有足够的职业安全感的状态下，职业动机变得模糊，进而产生审美疲劳。

　　要在恋爱与工作中克服"审美疲劳"，都不是一件容易的事，但也不是不能实现的。如果你能想办法为其注入新的活力，想办法往里面"加"点糖，或许你的"疲劳"会有所改观。

你还记得大学毕业实习时候的情景吗？那时候的我们怀着未酬的壮志，揣着对未来美好的憧憬，心中燃烧着熊熊的烈火，让你感觉自己有浑身使不完的劲儿。你从不会迟到早退，不在意自己拿的是最少的工资，总是争抢着去干又脏又苦的活，那时候的我们绝对和"拖延"二字不沾边。

如果你的激情能够持续下去，那么你所得到的回报一定会超过你的预期。但是，遗憾的是，很多人都在杂乱琐碎的工作中丧失了对工作的热情，在不断熟悉工作的同时渐渐习惯了拖延、应付。也许你现在已经不是"实习生"了，但这并不意味着你的"实习生"心态就理所当然地应该结束了。

不管你在一家公司待了多长时间，也不管你的能力是弱还是强，做事情都不能敷衍、拖延。也许此时的我们初出茅庐，正激情飞扬地准备开辟自己的一方疆土；也许我们已经摸爬滚打了几年仍然不显山不露水；不论何种情况，我们都应当始终保持一种实习生的心态。

克服了懒惰，就成功了一半

心理学家乔治·哈里森这样说："拖延懒惰是一种不能按照自己的本来意愿行事的精神状态，是缺乏意志力的表现。"虽然很多人都说意志力与拖延并没有关系，但我们不能否认，拖延真的是我们在惰性心理影响下导致行动力减弱而形成的一种坏习惯。

的确如此，在若干种因素导致的拖延中，懒惰是最为常见的。比如说，当我们早知道自己长期不运动已经导致体重超标，我们也知道能用什么方法可以减去身体多余的赘肉，可是我们却迟迟不肯行动，以至于拖延着让不健康的生活继续，让体重继续增加。这就是懒惰带来的恶果。

张峰接到老板的任务：一周内起草与甲公司的销售合同，这对法律专业出身的他简直是小菜一碟。

第一天，手头上其他工作本来可以结束，但他想明天做完再动手也不迟。

第二天，有突发事件耽误了一上午，下午下班前他才勉强将原有工作完成。

第三天，他刚准备起草合同，同事工作上遇到困难请他帮忙耽误了一上午，下午他也没心情做，心想：周末的两天足够了，不急。

结果第四天一帮朋友搞了个聚会，他整整玩了一天，晚上喝得酩酊大醉。

就这样，他一直睡到次日中午，起来头还晕得厉害，吃了几片药又躺下休息。

第六天上班后的例会上，老板问他完成任务没有，他撒谎说差不多了，只是有些数据需要核实，明天就能交上。

开完例会他立刻动手，才发现这个合同书远没想象中那么简单，涉及许多他不熟悉的领域，而且还需要许多实证数据的支持，就是三天也未必能完成！

由于合同没有按时拟好，影响了与客户签约，老板对他进行了严厉批评，还在公司内进行通报批评，张峰羞愧得无地自容。

案例中的张峰因为养成了拖延工作的习惯，而失去了行动的主动权，最终让自己狼狈不堪。

拖延和懒惰之间存在着不可分离性关系。惰性在拖延中滋生，而拖延是惰性的纵容者。拖延不一定是懒惰，但懒惰肯定会拖延。这两者结合在一起，便成为将你灵魂和身体侵蚀一空的绝佳借口，而它们都有着让人上瘾的特性，越是懒惰越是拖延，如此持续下去，有可能会消磨你的意志，阻碍你的发展。

其实想要拒绝懒惰也并没有多困难，最有效的方法就是让自己勤奋起来。亚历山大曾经说过："虽有卓越的才能，而无一心不断的勤勉、百折不挠的忍耐，亦不能立身于世。"成功人士知道"无限风光在险峰"，只有努力攀登，才能有"一览众山小"的豪情。

早起的鸟儿有虫吃。勤奋是一种需要长久坚持的人生信念，只有将"勤奋"二字作为自己永久的座右铭，才能在不拖延的人生中实现成功。

比尔·盖茨在参加博鳌亚洲论坛 2007 年年会期间，在一次与中国网友网上讨论时，接受了近两万名网友的提问。其中，大家向比尔·盖茨问得最多的问题是："你成功的主要原因是什么？"

比尔·盖茨的回答是："工作勤奋，我对自己要求很苛刻。"

在微软创业初期，比尔·盖茨就异常勤奋努力。微软老员工鲍伯·欧瑞尔说出了他 1977 年进入微软公司时比尔·盖茨的工作状态："那时候比尔满世界飞。他会亲自跑到各个公司跟人家谈，比如德州设备、施乐公司、德国西门子公司、法国公牛机器公司等。那些公司会有一大帮技术、法律、销售及业余人员围着他，问他各种问题。比尔经常单枪匹马参加世界各地的展览会，推销产品。比尔整天都在销售产品，有时他刚出差回来就连续上班 24 小时，累了就在办公桌下睡一小会儿。"

虽然微软的员工们工作非常卖力，但都勤奋不过他们的老板比尔·盖茨。事实上，比尔·盖茨至今依然如此勤奋努力，哈佛商学院的案例中有这样的说法："盖茨好像就住在办公室，他每天上午大约 9 点来到办公室后，就一直待到半夜，休息时间似乎就是吃比萨饼外卖这顿晚饭的几分钟，吃完后他又继续忙开了。"

每个精英的故事中都有类似的描述。当你羡慕别人坐拥巨富享受高品质生活时，当你妒忌别人拿着高薪坐着高位时，当你看到机会总是让别人遇到时，你也许会抱怨世界真不公平。但是，当你抱怨不公平时，是否反省过："我有他们那么勤奋吗？"

古罗马有两座圣殿：一座是勤奋的圣殿，另一座是荣誉的圣殿。他们在安排座位时有一个次序，就是必须经过前者，才能达到后者。勤奋是通往荣誉的必经之路，那些试图绕过勤奋，寻找荣誉的人，总是被荣誉拒之门外。

很多人总是在抱怨自己命运不济和人生的难以捉摸，其实命运本身却不如人们所言那样神秘莫测。洞察明了生活的人都了解：幸运和机遇通常伴随于那些勤奋努力之人，而不是那些拖延懒惰之人。

情绪管理：远离悲观的负面情绪

有些人由于自身或者环境原因，带着负面情绪生活、工作，在遇到挫折时，会发火和抱怨，让拖延成为唯一的应对途径。对于任何人而言，学会情绪控制和管理是非常重要的。一个人随便表现出自己的不良情绪不仅会伤害自己，还会伤害同事，伤害人际关系，更严重的是危及个人的发展。

每个人都会遇到一些糟糕情况，比如，上班迟到，临时冒出多余工作，加班熬夜，客户责难，还有同事的竞争，老板的坏脸色……这些问题很容易触发自己的负面情绪。而控制和调节负面情绪的能力，是一个人应具备的素质。

如果我们把正面的心智模式融入我们的生活与工作当中，那么我们的激情就会被点燃，生活的质量也会立即得到改善，而因工作、生活挫折所引起的疲劳感会相对减少。

比尔·盖茨有句名言："每天早晨醒来，一想到所从事的工作和所开发的技术将会给人类生活带来巨大影响和变化，我就会无比兴奋和激动。"如果人人都能持有这种正面的情绪，那将会使我们变得活力四射、勇往直前,工作的疲态、困难也因此被清扫一空。

麦克是一个汽车行的经理,这家店是20家连锁店中的一家,生意兴隆,而且员工们个个热情高涨,对他们自己的工作表示骄傲。

但是麦克来此之前,情形并非如此,那时,员工们在这里工作,一切都显得波澜不惊,甚至有人认为这里的工作枯燥至极,公司中不断有人辞职,可是麦克用自己昂扬的精神状态感染了他们,让他们重新快乐地工作起来。

麦克每天第一个到达公司,微笑着向陆续到来的员工打招呼,把自己的工作一一排列在日程表上,他创立了与顾客联谊的员工讨论会,时常把自己的假期向后推迟。总之,他尽自己一切的热情努力为公司工作。

在他的影响下,整个公司变得积极上进,业绩稳步上升,他的精神改变了周围的一切,老板因此决定把他的工作方式向其他连锁店推广。

实际上,在你内心深处,有着无限的智慧、力量,以及你所需要的各种各样的"供应品",这些都等着你去发掘、培养、发挥。催发我们心中巨大潜能的钥匙是个人的正面情绪。如果我们怀有积极的心态,我们存在于内心的巨大潜能就会在任何时间、空间,提供我们所需要的每一样事物。

很多人深陷于负面情绪的泥沼中,导致自己越来越沮丧,一次次地重新回味、放大痛苦。这样非但没能因为你的宣泄而助你走出情感的阴影，相反还会造成情绪上的低落和行动上的迟缓。

我们常说：乐观的人说命运喜欢时时给人惊喜，悲观的人说命运喜欢时时给人意外。负面情绪总会引导自己看到灰暗的一面，即便到春天的花园里，他看到的也只是折断的残枝，墙角的垃圾；而正面情绪引导他看到的却是姹紫嫣红的鲜花，飞舞的蝴蝶，他的眼里到处都是春天。

我们应该努力让正面情绪占到上风，让正面情绪引导积极的生活和工作状态，所有的痛苦很快就能转化为乐趣，从而助力于我们以昂扬的斗志踏入"战拖"之路。

远离那些懒散的"家伙"

前文中已经详述了懒惰与拖延的紧密联系，如果你身处一个懒散的群体时，你可能也会不自觉地变懒，进而因"懒"而致拖延。

有人这样说："懒惰是传染病，只要你的身边有一个懒人，很快就会出现第二个、第三个，你也很快会变成其中的一分子。"这话比较有道理，懒惰犹如瘟疫，它会从一个人的身上蔓延到一群人的身上。的确如此，身边有了懒人，我们会不自觉地向他们看齐，否则内心往往会泛起不平衡：凭什么我要做这么多的事，我也要学会偷懒。

当下很多企业，也窝藏一群懒人，上班踩着点，下班提前溜；凡事能躲则躲，能推则推，如果和这些懒散的"家伙"为伍，你迟早也会甘于平庸不思进取。被誉为"世纪经理"的杰克·韦尔奇的经历多少能给我们一点启示。

1961 年，韦尔奇已经来到 GE 工作一年了，这时候，韦尔奇的顶头上司伯特·科普兰给他涨了 1000 美元工资，韦尔奇觉得还不错，他以为这是公司对有贡献的人的奖赏，他因而十分有干劲。但他很快发现他的同事们跟他拿的薪水差不多。知道这个情况后，韦尔奇一天比一天萎靡不振，终日牢骚满腹。

一天，时任 GE 新化学开发部年轻的主管鲁本·加托夫将韦尔奇叫到自己的办公室，令他印象深刻的是这句话："韦尔奇，难道你不希望有一天能站到这个大舞台的中央吗？"

这次谈话被韦尔奇称为改变命运的一次谈话，后来当上执行总裁的韦尔奇也一直尊称加托夫为恩师。

他决定让自己有一个根本性的改变，这时在他面前出现了一个机遇：一个经理因成绩突出被提升到总部担任战略策划负责人，这样经理的职位就出现了空缺。我为什么不试试呢？韦尔奇想。

韦尔奇不想看着这个可以改变自己的机会从眼前溜走，"为什么不让我试试鲍勃的位置？"韦尔奇开门见山地对他的领导说。

韦尔奇在领导的车上坐了一个多小时，试图说服他。最后，领导似乎明白了韦尔奇是多么需要用这份工作来证明自己能为公司做些什么，他对站在街边的韦尔奇大声说道："你是我认识的下属中，第一个向我要职位的人，我会记住你的。"

在接下来的 7 天时间里，韦尔奇不断地给领导打电话，列出他适合这个职位的其他原因。

一个星期后，加托夫打来电话，告诉他，他已被提升为塑料部门主管聚合物产品生产的经理。1968 年 6 月初，也就是韦尔奇进入 GE 的第 8 年，他被提升为主管 2600 万美元的塑料业务部的总经理。当时他年仅 33 岁，是这家大公司有史以来最年轻的总经理。

1981 年 4 月 1 日，杰克·韦尔奇终于凭借自己对公司的卓越贡献，稳稳地站到了董事长兼最高执行官的位置上，站到了 GE 这个大舞台的中央。

韦尔奇没有向平庸者们看齐，他不断进取，最终站到了公司内权力的最高点。然而，懒惰和懈怠只会将卓越的才华和创造性的智慧悉数吞噬，使之逐渐退步，甚至成为没有任何价值的员工。

不可否认的是，我们身边有很多懒人，他们或多或少对自己会造成一定的影响。不要把注意力放在这些人身上，关注他们只会让自己变得浮躁。如果你将注意力从他们身上转移的话，当你完成任务的时候，可能别人就在加班。我们不应该和"懒人"计较一些事情，这样会打击我们做事的积极性。

所以，我们不要轻易被懒人的言语和行为"诱惑"了，懒惰只会带来片刻的舒适，该做的事情拖延之后还终须解决，到最后终将会为自己的懒惰付出代价。"近朱者赤，近墨者黑"，我们要远离那些懒散的人群，防止自己被他们所传染。

努力工作的人是幸福的

肯德基的创始人桑德斯上校有句格言："很多人因为闲散而生锈，如果我因为闲散而生锈，我会下地狱。"

而梁漱溟先生在《人生的艺术》一书中，谈到如何才能得到"合理痛快"的生活时说道："我们都是身体很少劳动的人，可是我常是这样，颇费力气的事情开头懒于去做，等到劳动以后，遍身出汗，心里反倒觉得异常痛快。"可见，努力工作的人辛苦，但心里是满足的，当我们拖延工作、选择懈怠的时候，也可能就是我们陷入颓废的时候。

美国著名评论家门肯先生在回答威尔·杜兰特关于人生意义的提问时，对工作有一段诙谐的描述，"您问我的问题简单来说就是，我的人生获得了什么满足感，以及我为什么要不断地工作。我不断地工作和母鸡下蛋原因是一样的。每个生命都有一种说不清楚的但却强有力的冲动。他要积极地履行某种职责，什么也不做是非常痛苦的事情。"

一本名为《鱼：一种激发工作热情的绝妙方法》的畅销书描述的派克街鱼市，为工作中的人们带来了一股清新之气。

派克街成为了美国西雅图著名的旅游景点，因为一个普普通通的鱼市让一群颓废的人不得不热爱他们的工作和生活。

"刚刚飞过去的难道是一条鱼？玛丽·简怀疑是不是自己眼花了，但随后又有一条鱼飞过去。市场里的工人穿着白色的围裙、黑色橡胶靴，非常容易辨认。其中一个鱼贩抓起一条大鱼，扔向20英尺远的柜台，并高声喊着：'一条飞往明尼苏达州的鲑鱼。'其余的工人齐声应和道：'一条飞往明尼苏达州的鲑鱼。'站在柜台后的那个家伙单手接住，简直是不可思议！人群中又响起一片赞叹声，然后他像一个成功的斗牛士那样向喝彩的人群鞠躬致谢。这里的人真是活力四射！

"玛丽·简的右边，另一位鱼贩正在和一个随家长来买鱼的小孩儿开玩笑，他把一条大鱼的嘴巴打开，一张一合的像是在与人说话。另一位稍微年长一些、头发浅灰的家伙则边走边喊道：'回答问题，回答问题，专门回答鱼的问题！'而一位年轻的工人则在收银台边上用螃蟹变戏法。看着销售人员对着鱼讲话，两位年长的顾客乐不可支。这个地方太热闹了！玛丽·简感受着，心情放松了许多。"

"在寒冷、潮湿、腥臭、污浊的鱼市场工作并不舒服，但我们可以选择对待工作的态度。……我们可以闷闷不乐、无精打采地度过一天；我们也可以带着不满的态度，毫无耐心地去激怒同事和顾客。但是如果我们带着阳光、带着幽默、带着愉快的心情上班，我们就会拥有美好的一天。我们可以选择一天的时光怎样度过。我们花了大量的时间来谈论这种选择，最终达成共识：只要我们工作一天，最好还是让这一天过得快乐。"派克街鱼市的工作人员这样总结。

安东尼·罗宾说过："众所周知，除了少数天才，大多数人的禀赋相差无几。那么，是什么在造就我们、改变我们？是'态度'！"我们要实现自己的幸福，就应当选择积极向上的态度。

神奇的 PDCA 循环法

如果要摆脱掉懒惰和拖延的病症，保证自己的工作高质高效地完成，保证自己的工作得到预期的结果，我们有必要在工作中利用 PDCA 循环。

PDCA 循环又叫戴明环，是美国质量管理专家戴明博士提出的，它是全面质量管理所应遵循的科学程序。PDCA 中的四个英文字母，分别代表计划（Plan）、执行（Do）、检查（Check）、修正再执行（Action）。PDCA 是针对质量管理所提出的一个科学的运作程序。

发达国家质量管理的实践证明：PDCA 循环法是一个行之有效的科学管理程序。PDCA 循环不仅是一种高效的管理方法，而且对于我们提高个人目的性和工作效能有很强的促进作用。在对抗懒惰和拖延问题上，可以充分借助它。

有一天，经理分配给比特一项任务：让他对某区冷食市场进行一项市场研究调查，并拟订一份市场调研报告。这本是让他大展身手的机会，但他却苦于不知从何着手而毫无头绪。为什么要进行调查？怎样进行市场调查？遇到问题怎样解决？调研报告怎样写？……各种各样的问题直砸得他眼冒金星，头脑发涨，让他不得不选择拖延。

比特的烦恼，相信很多人并不陌生，因为我们在工作过程中会遇到类似的烦恼。运用"PDCA"循环法，你的思路顿时变得非常清晰。

以下就是比特利用"PDCA"循环法给自己制定的"某区冷食市场调查实施方案"：

1.Plan：制订一份周全的计划。

本阶段要明确六个问题。这六个问题简称为"5W1H"。

（1）为何制订此计划？（Why？）

（2）计划的目标是什么？（What？）

（3）何处执行此计划？（Where？）

（4）何时执行此计划？（When？）

（5）何人执行此计划（Who？）

（6）如何执行此计划（How？）

2.Do：计划好之后，着手将项目一步一步向前推进。

3.Check：在进行市场调研过程中，一定要记得检查，看项目的推进是否按原先的计划进行？当中有无纰漏和出现偏差？

4.Action：针对检查结果确定自己接下来的行动。

比特的案例告诉我们，PDCA 循环法如果运用恰当，将为我们的工作提供很多便利。

要想让 PDCA 循环法在具体工作中对我们有较大的指导作用，我们在使用过程中要分阶段注意一些问题：

1. 制订计划阶段（P）

我们应该对自己的工作目标做出承诺，有一个清醒且坚持的认识，否则，计划很难得到有效的实施。

2. 沟通与辅导阶段（D）

目标确定以后，我们应该自己做自己的辅导员和教练员，帮助自己理清工作思路。适当的时候我们要和上级沟通，保证自己的工作目标得以达成和超越，使自己的能力在过程中得到有效的提高，为更高的目标做好准备。

3. 检查与反馈阶段（C）

正确认识自己有哪些优点，还存在哪些不足和有待改进的弱项。同时也可以向上级提出自己在完成目标中遇到的困难，请求在以后的工作中得到上司的指导和帮助。

4. 诊断与提高阶段（A）

检查结束时，我们应该及时发现存在的不足并加以调整，使之不断得到改善和提高；同时，根据反馈的结果，制订改进计划，对自己在知识、技能和经验等方面存在的不足，制订发展计划，放入下一个 PDCA 循环加以改进。

阅读：

造成拖延的四大原因

根据心理学家的研究，造成拖延有四大原因：

1. 低目标价值

所谓低目标价值就是你所设定的目标价值不大，你并没有足够的动力去做这件事情，例如，当你的任务让你感觉无聊甚至厌烦的时候，你通常会延后做这件事情的时间。要知道，任何具有重大意义和价值的任务都是由意义不大的小任务来构成的，如果你在小任务上拖延，通常就会造成最终的任务失败。

2.拖延者的人格问题

有些人天生就是拖延者，因为某些基因可以使人更容易患拖延症（当然，有这样的基因并不一定会发展成为拖延症），这样的人有哪些人格特征呢？研究发现，拖延的人自我控制力低下，容易分心和冲动，有时候患有焦虑和抑郁。值得注意的是，抑郁和拖延往往相互促进，越抑郁你就越拖延，而拖延会造成很多生活上心理上的失败，进而加剧了抑郁。

3.低自我效能感与对失败的恐惧

自我效能感是心理学家班杜拉提出来的，它指的是个体认为自己有多大的把握完成某一任务，高自我效能感的人更有自信，通常认为自己能够完成某一任务，因而拖延行为较少。有研究发现，被试者如果期望自己能够成功，那么他的拖延行为会大大减少，这可以在一定程度上说明，拖延者内心存在着对失败的恐惧。

4.目标错误

几乎所有的拖延者都在设定目标时出现困难，他们的目标要么过于宏伟而无法下手，要么过于琐碎而迷失方向，因此学会如何设定目标至关重要。

第四章

别太完美主义，谨记效率第一

人的完美主义倾向，在拖延中也起了很大作用。看似是在追求理想和最好，实际上却只会让事情变得更糟：不仅没有尝到完美带来的喜悦，反倒深陷这一沼泽中无法自拔，甚至还拖累了其他的人。

　　我们必须警惕完美主义带来的陷阱，不要因为苛求完美而导致拖延。放下完美主义，你会发现，过程中的不完美不会导致事态持续恶化，你也不会更加拖延，而你原来不完美的生活也可以很幸福、很惬意。

你是典型的完美主义者吗？

　　在这个时代，拖延症似乎是最普通的"病症"。只是，那些拖延的人往往没有意识到，"完美主义"是造成很多人拖延的根源。

　　心理学家认为，一个人如果对自己和他人要求过高，总是追求完美，这种性格就是完美主义的体现。完美主义的性格通常分为三种类型：一是"要求自我型"，他们对自己总是高标准、严要求，不允许自己犯任何错误，表现为固执、刻板。二是"要求他人型"，给他人设定一个很高的标准，不允许别人犯错误，并且对他人极为挑剔。三是"被人要求型"，他们追求完美的动力是为了满足其他人的期望，总是感觉自己被期待着，害怕别人对自己感到失望，因此时刻都要保持完美，一旦受到挫折就感到痛苦，不能接受。

在这三种类型中，"要求自我型"在生活中最为常见。一般来讲，不能容忍美丽的事物有所缺憾，是一种正常心态。只不过，我们身边却不乏因为完美主义导致不断拖延的人，他们追求完美，但却不断拖延做事的节奏，最终得到不完美的结果。

小颖看周围不少同学都会游泳，于是在刚入夏时就决定学游泳。她认为，学习游泳必须要做好相应的功课，她先在网上搜索和浏览"如何挑选游泳装备"之类的内容，然后开始上淘宝购物，挑了好几个晚上，终于买好了泳衣、泳镜、救生圈等装备。

此外，她还看了网上游泳教学的视频，自己跟着视频练习游泳的姿势。然后她跑了自家附近几个游泳馆咨询学习游泳的一些情况……

等到所有的信息都准备充分了，认为自己真正可以开始学游泳时，夏天已经过去了，于是学习游泳的想法不得不拖延下去。而她做了漫长一夏的准备，却一次也没有下过水，买的那些装备一次也没有用，这些装备恐怕得等到下一个夏天了。

当然，下一个夏天，她是不是真的要去学习游泳，还不好说。

小颖如此想游泳，为何却一直无法下水，迟迟无法开始呢？这很大程度上因为完美主义在作祟。

在完美主义者的眼中，做什么事情都不愿意匆匆忙忙地开始，总是要准备很长时间，要求万事俱备。比如，老师让学生发表一篇论文，他会去图书馆找很多资料，花很多时间认真读这些资料，就是一直无法开始写。等他觉得差不多可以写论文时，可以留给他完成论文的时间已经所剩无几，于是他只能草草写完或干脆拖延下去。

《艺术家之路》的作者茱莉亚·卡梅隆说："完美主义其实是导致你止步不前的障碍。它是一个怪圈——一个强迫你在所写所画所做的细节里不能自拔、丧失全局观念又使人精疲力竭的封闭式系统。"

的确，很多完美主义者在追求完美期间一直处于压力下，到了后期为了赶进度根本无法保证质量甚至无法完成事情，完美主义者甚至给人一种办事能力不够的感觉。

完美主义根本就不是什么好事。丘吉尔说："完美主义让人瘫痪。"苛求完美恰恰是人们寻求幸福最大的障碍！要克服自己的完美主义倾向，可以采用以下几个步骤来管理自己的时间和期望值。

第一步，接受一个现实——我无法面面俱到。

第二步，去问自己，自己做到什么样子就算"足够好了"。

比如说，在一个完美的世界里，"我"可以每天工作12小时以上；而在真实世界里，朝九晚五的工作时间对"我"来说就已经足够好了。在一个完美世界里，"我"可以每天1次、每次花90分钟练习瑜伽，并且会花差不多的时间去健身房；而在真实世界里，每周2次、每次1小时练瑜伽，加上每周3次、每次30分钟的健身房锻炼，已经足够好了。采用"足够好了"的思维方式后，个人压力会减轻许多，而拖延状况也会大大缓解。

完美主义者试图在每一个方面都达到完美，最终只会导致妥协和挫败：在现实中的时间限制下，我们确实无法什么都做到完美。

拒绝完美：做一个普通人

车尔尼雪夫斯基说："既然太阳上也有黑点，人世间的事情就更不可能没有缺陷。"世界上没有完美无瑕的东西，实际上，我们也没必要对自己太苛刻，不要因为追求完美而耽误了机会。

在生活中，总有一些人过于追求完美，用过高的眼光和标准苛求自己，衡量他人。无论做什么，都达不到自己的要求，进而苛责烦闷，陷入极度的苦恼中。事实上，"完美"是人类最大的错觉，完美主义者追求的完美，往往却是不可得的。

"断臂的维纳斯"一直被认为是迄今发现的希腊女性雕像中最美的一尊。美丽的椭圆形脸庞，希腊式挺直的鼻梁，平坦的前额和丰满的下巴，平静的面容，无不带给人美的享受。

她那微微扭转的姿势，和谐而优美的螺旋形上升的体态，富有音乐的韵律感，充满了巨大的魅力。

作品中维纳斯的腿被富有表现力的衣褶所遮盖，仅露出脚趾，显得厚重稳定，更衬托出了上身的美。她的表情和身姿是那样庄严而端庄，然而又是那样优美，流露出女性的柔美和妩媚。

令人惋惜的是，这么美丽的雕像居然没有双臂。于是，修复原作的双臂成了艺术家、历史学家最感兴趣的课题之一。当时最典型的几种方案是：左手持苹果、搁在台座上，右手挽住下滑的腰布；双手拿着胜利花圈；右手捧鸽子，左手持苹果，并放在台座上让它啄食；右手抓住将要滑落的腰布，左手握着一束头发，正待入浴；与战神站在一起，右手握着他的右腕，左手搭在他的肩上……但是，只要有一种方案出现，就会有无数反驳的道理。最终得出的结论是，保持断臂反而是最完美的形象。

就像维纳斯的雕像一样，很多事情因为不完美而变得更有深意。不少人总是抱有一种力求完美的心态，可是人生根本没有什么所谓"十全十美"的事情，你又何必把自己折腾得这么累？凡事尽力而为即可。

生活中，很多人忙忙碌碌一辈子，可是到最后却一事无成，究其原因，就在于他们做事非要等到所有条件都具备时才肯动手去做，然而所有的事情没有一件是绝对完美的。所以，这些人往往就在等待完美中耗尽了他永远无法完美的一生。在这个世界上，如果你每做一件事都要求务必完美无缺，便会因心理负担的增加而不快乐。

实际上，世界上根本没有绝对的完美，人生的残缺才是一种常态。而且，凡事都要求尽善尽美，会给我们的生活增加很多负担，甚至会阻碍我们生活和工作的状态。

"金无足赤，人无完人"，我们都应该认识到自己的不完美。即使是全世界最出色的足球选手，10次传球，也有4次失误；最棒的股票投资专家，也有马失前蹄的时候。既然连最优秀的人做自己最擅长的工作都不能尽善尽美，那么一个普通的人为什么一定要追求虚无缥缈的"完美"呢？

拥有不断进取的心和完善自己的信念是积极提倡的，但苛求自己却是不必要的。人都会有缺点，这就是本来的生命状态。我们的成长就是克服这些缺点，并用尽可能平和的心态去看待这一切的过程。

没有瑕疵的事物是不存在的，盲目地追求完美的境界只能是劳而无功。因此，在生活中，我们不必为了一件事未做到尽善尽美的程度而自怨自艾。放弃对完美的追求，凡事不必尽善尽美，我们才能看到丰富多彩的生活图景，才能拥有完整的人生。

只要你知道这世界上没有什么会达到"完美"的境地，你就不必设定荒谬的完美标准来为难自己。你只要尽自己最大的努力开始去做每件事，就已经是很大的成功了。

完成比完美更靠谱

雪莉·桑德伯格曾说过："完成比完美更重要。"人们在面对工作时，总是会迟迟不肯迈出第一步，除了惰性，还有对自己施加过高的压力，于是总觉得还没有准备好，生怕做得不够完美就把应该完成的任务永远地推迟了。从这个角度来说，"完美"固然具有诱惑性，但"完成"更靠谱一些。

不少人往往为了追求完美而努力，结果却连完成也做不到，这很大程度上是因为太执着于完美而忽视了完成。

完成是完美的先决条件，没有完成就谈不上完美。做事不拖延且高效能的人，会遵循着这样的做事原则：先追求完成再追求完美。他们不会打着"还没想好，还没想周全"的名义把准备要做的事情拖到最后一天、最后一刻才去做。

一位各方面都表现非常优秀的年轻人，别人请教他为什么事事都做得又快又好的原因，他给出的回答竟然是："我从来不追求完美。"听到这样的回答，请教的人当然不明所以，这位年轻人说起了自己的故事。

"我高二那年被任命为宣传委员，当时班级宣传委员最重要的任务之一是要负责出班级的黑板报。新官上任三把火，第一次板报主题是国庆，我摩拳擦掌地想在黑板上画条盘绕着的生龙活虎的'龙'。事实上，这个工作并不简单，'龙'的线条超级多又复杂。我没什么构图经验，非常不擅长在黑板上画画，但我觉得画'龙'就要画得最逼真。我完全没有预料到这件事的难度，满脑子想的只有画完后我们的板报会有多么不落俗套又让人震撼，同学们会多么羡慕或者崇拜我。

"带着这种想法忙活了几天后，我崩溃了。虽然我很有耐心且很有信心地对照着图片擦了改，改了擦，还请了一个有美术功底的同学来帮忙，还是差很远。我们不停地擦改希望能画得更像一点，直到发现出黑板报的时间不够了。沮丧和挫败感环绕着我，当时特别想撂挑子不干了，不过我的责任心让我继续下去——丑就丑吧，画完再说。在耐着性子把板报全部完成得差不多之后，黑板上的'龙'竟然没那么不好看。

"这个事情给我很多启发，虽然黑板报没有达到完美的预期，但那次经验还是很难得的。此后，我在做事情时，就不再给自己一开始就下那么大的套子。先追求完成，然后再追求完美，这就是我的经验。"

的确，无论工作还是生活，只要我们不做完美者，接受瑕疵，允许自己做不到尽善尽美，先保证完成，再追求质量，一切就都会容易起来。

为了让你不再深陷"完美主义"深渊，在完成目标的基础上，再追求完美，你可以参考如下的几个方法。

第一，停止纠结于细枝末节。要发一封正常沟通的邮件给客户，却来来回回看了不下十遍，总想在点击"发送"之前确保一切完美；曾在一个大项目上就纠结于一个非常小的细节，导致项目延期。这些情景是否似曾相识呢？开始训练自己，别再把无关紧要、不影响实现目标的小细节复杂化。就算万一犯了错误，只需要记下来，下次你自会清楚该如何避免，无论你喜欢与否，我们总是在错误中学习和成长。

第二，预估大致完成时间。如果想确保一切都十分完美，在一定程度上就是在浪费时间。按照事情优先级排序，创建一份待办事项清单，并标注预计完成时间，可以帮你追踪自己的执行情况，更快完成项目，而不是纠结于完美。

当然，一天之中，总有些突发事件，是无法预估的，面对这些，经验法则告诉我们，如果突发事情在两分钟之内可以完成，那就立即完成它！花几分钟处理这些突发小事有助于休息、醒脑和之后更加专注。

第三，不要和别人比。一方面要了解对手，运筹帷幄，另一方面要防止总拿自己和别人对比，关注于自己的想法和正在做的事情，努力达到自己的期望，这样才能避免负面想法和完美主义情结。如果发现别人在某些方面做得更好，那就将学习他人优点当作自己的动力，而不是将其当作影响你产出和完成目标的障碍。

即使完成得并不完美，但是一旦开始就会让人感到如释重负，难的是卸下追求完美、面面俱到的心理负担。请记住：如果连60分都没有做到的话，又怎么能够做到100分呢？

你不可能让所有人都满意

　　每个人都会有自己的感觉，都会根据自己的想法来看待世界。一个人眼中的完美，在另一个人看来也许就是缺陷；而一个人所贬低的缺点，在另一个人看来很可能就是优点。由于每个人的价值观及对事情的判断喜好不同，无论是谁，在做事情时都不可能让所有的人都赞同你，而每个人也不可能做到完美，总会出现一些失误，因此，我们不要纠结于是否得到所有人的满意，要学会走自己的路，不被别人的"完美主义"所阻滞。

　　当你在进行一件事情时，可能会遭受来自各方面的压力与反对。一旦坚持目标，我们不要因受到他人的攻击与非议而退缩，而要坚定地为实现这个目标而努力。因为在这些异议的声音中，难免会有一些嫉妒的、不怀好意的人趁机破坏你的努力。

　　美国总统杰弗逊曾一度被人骂作"伪君子""骗子""比谋杀犯好不了多少"……一幅刊在报纸上的漫画把他画成伏在断头台上，一把大刀正要切下他的脑袋，街上的人群都在嘘他。耶鲁大学的前校长德怀特曾说："如果此人当选美国总统，我们的国家将会合法卖淫，行为可鄙，是非不分，不再敬天爱人。"听起来这似乎是在骂希特勒吧？可是他谩骂的对象竟是杰弗逊总统，就是撰写独立宣言、被赞美为民主先驱的杰弗逊总统。

　　也许很多人在身处逆境时，希望得到别人的鼓励。日本有句格言："如果给戴高帽，猪也会爬树。"这句话听起来似乎不雅，但说明了这样的一个道理：当一个人的才能得到他人的认可、赞扬和鼓励的时候，他就会产生一种发挥更大才能的欲望和力量。

但生活不光是赞扬，你碰到更多的可能是责难、讥讽、嘲笑。在这时候，你一定要学会从自我激励中激发信心，学会自己给自己鼓掌。

朱健参加工作后，他爱上了"小发明"，一下班，常常一头钻进自己房间，看呀，写呀，试验呀，常常连饭也忘了吃。为此，全家人都对他有看法。妈妈整天絮絮叨叨地、没完没了骂他"是个油瓶倒了都不扶的懒人""将来连个媳妇都找不上"；他大哥就更过分了，一看到他写写画画，弄这弄那就来气，甚至拍着胸脯发誓："这辈子，你要能搞出一个发明来，我的头朝下走路……"

在这种难堪的境遇中，朱健的"发明"之路受到了阻碍。他表现得有点泄气。不过，他的一个同事给他鼓励，让他继续坚持走自己的路。后来，厂报上开始登出有关他的"革新成果"，哪怕只有一个"豆腐块""火柴盒"那么大，他都要高兴地细细品味，然后把这些介绍精心地剪贴起来，一有空闲就翻出来自我欣赏一番。

渐渐地，朱健实验成功的"小发明"慢慢多起来，"级别"也慢慢高起来了。几年后，他的"小发明"竟然获得了专利，并且取得了良好的经济效益。

一个成功人士说："别在乎别人对你的评价，否则，反而会成为你的包袱，我从不害怕自己得不到别人的喝彩，因为我会记得随时为自己鼓掌。"

同一个事物，每个人的眼光都有不同。面对不同的几何图形，有人看出了圆的光滑无棱，有人看出了三角形的直线组成，有人看出了半圆的方圆兼济，有人看出了不对称图形独到的美。同是一个甜麦圈，悲观者看见一个空洞，而乐观者却品味到它的味道。

其实，生活和生命本身也都是一样的道理。我们每个人的能力都是有限的，就像人类有其体能的极限一样。如果总是想着令别人满意，对自己大刀阔斧地整改，那是很荒谬、很愚蠢的想法。

事实确实如此，凡事绝难有统一定论，我们不可能让所有的人都对我们满意，所以可以拿他们的"意见"做参考，却不可以代替自己的"主见"，不要被他人的论断束缚了自己前进的步伐。追随你的热情、你的心灵，它们将带你实现梦想。

悦纳生活中的不完美

在现实生活中，有些人追求"完美主义"，于是我们便能听到各种各样的抱怨声，因不如自己的预期而导致拖延的状况时有发生。不过，抱怨和拖延并不能改变我们的处境，我们何不以一颗平常心的心态，来直面生活的不完美呢？

其实，"不完美"的根源在于我们对生活不满足的心理及欲望的不断膨胀，而那些所谓的压力也是我们自己施加的，因为我们对自己的要求过高，才会感到处处不完美，让烦恼困扰我们，让工作、生活牵绊我们。

如果你是一个知足常乐的人，就不会向生活要求太多。希腊哲学家克里安德，当年虽已八十高龄，但依然仙风道骨，非常健壮，有人问他："谁是世上最富有的人！"克里安德斩钉截铁地说："知足的人。"

曾有人问当代美国最富有的石油大王史泰莱："怎样才能致富？"这位石油大王不假思索地回答："节约。"

"谁比你更富有？"

"知足的人。"

"知足就是最大的财富吗？"

史泰莱引用了罗马哲学家塞涅卡的一句名言来回答说："最大的财富，是在于无欲。"

塞涅卡还有一句智慧的话："如果你不能对现在的一切感到满足，那么纵使让你拥有全世界，你也不会幸福。"

最妙的是，罗马大政治家兼哲学家西塞罗也曾有类似的说法："对于我们现在有的一切感到满足，就是财富上的最大保证。"

知足者常乐，知足便不做非分之想；知足便不好高骛远；知足便安若止水、气静心平；知足便不贪婪、不奢求、不豪夺巧取。过分地追求完美，只是徒然带给自己烦恼而已，在日日夜夜的焦虑企盼中，还没有尝到快乐之前，已饱受痛苦煎熬了。

当然，知足不是自满和自负，知足者能认识到无止境的欲望和痛苦，在能实现的欲望之内，他朝着自己既定的目标为之奋斗，这样也不会有拖延之虞了。

只有经常知足，在自我能达到的范围之内去要求自己，而不是刻意去勉强自己，去强迫自己，而是自觉地知足，才能心平气和地去享受。因此古人说："养心莫善于寡欲。"

如果我们对自己的要求过高，设定的目标不现实，又要坚持执着追求下去，不仅会耗失自己的健康，还会让自己在追求完美主义的过程中延误成长的机会。

也许，我们曾经专注地设计美妙的未来，细致地描绘多彩的前途，然而，尽管我们是那样固执、那样虔诚、那样坚韧地等待，可生活却以我们全然没有料到的另一种面目呈现于面前。看淡完美主义，我们眼前会是另一番景象：积极、乐观、不拖延的生活。

走出完美主义的圈套

过度要求事事完美的人，他们总是要求每件事情做到尽善尽美，最终给自己施加了巨大的压力，但由于主客观方面的影响而造成不完美的结果，他们便会常常自责、拖延，伴有挫败感，结果自己和周围的人苦不堪言，不胜其累。

可以说，追求完美会导致自己陷入"完美主义"的圈套中。完美主义者有的追求工作上的完美，永远只能第一，不能第二；有的追求人际关系上的完美，希望所有的人都能喜爱自己，容不得别人对自己有半点不满，也容不得别人有闪失和错误；有的追求生活上的完美，无论吃饭、穿衣，每个细节都要考虑再三。这些完美主义者往往既是自我嫌弃的高手，也是挑剔别人的专家。当自己不能达到理想中的完美高度时，他们很容易作茧自缚，自暴自弃。但是，完美主义一旦变成对现实的苛求，立刻就成为一种陷阱。

小李是国内某所大学的博士生，博士学位也已经读了七年了，主要问题在于他的博士论文写得拖拖拉拉，每到关键处就卡壳。但是不要小看小李的学术功底，他在读博期间完成了其他几篇很有水平的论文，还帮助好几位"师弟"有效解决了论文中的难点。

优秀的博士生小李为何迟迟不能毕业呢？问题出在他的"完美主义"倾向上，他对自己的博士论文要求甚高，而对其他的论文要求却没这么高。回忆起读博后几年的生活，小李真是觉得苦不堪言。当有人指出他的完美主义倾向时，他才恍然大悟，他不再苛求论文完美，论文反而高速度高质量地完成了。

可见，完美主义有时就是个"圈套"，它可以把雄鹰变成笨鸡。这不难理解，过分追求完美的人，他们希望时时事事都能得到别人的肯定和夸奖，而害怕被别人拒绝或否定。为了避免不完美，他们不惜多花许多时间、气力去做事情，结果降低了自己的效能。另外有些完美主义者，是思想的巨人、行动的矮子。

如果说在精神领域也有什么"挡不住的诱惑"的话，恐怕完美主义就是一个。它几乎不需要什么投资，却可以在某些特定的条件下使人聊以自慰，就好像在干渴的沙漠中追逐海市蜃楼一样。

深陷于完美主义困境会让你经历更多的苦恼、忧虑，甚至沮丧。当无法达到完美的标准时，你会感到内疚和失望，并导致逃避心理继而产生拖延行为。因此，是时候摆脱这种令人不愉快的，并没有任何好处的"完美主义"困境了。以下三个步骤可帮助你训练大脑走出完美主义困境。

第一，更加注意你的"完美主义"。当你遇到挑战或挫折的时候，花时间去反思。思考你的困境是不是因为完美主义所带来的，如果坚持完美主义是不是会让你更加被动？

第二，思考你是如何走向"完美主义"的。是否事实真的如看起来一样糟糕？有没有夸大处境的消极面？是否能够看到坚持完美主义的最终走向？

第三，用更有建设性的想法来替代"完美主义"。你如何改变你的想法让它变得更加真实？你又能如何摆脱完美主义的折磨呢？重新建立思想，以帮助你成长、学习。

实际上，醉心于追求绝对完美的人，往往不明白"完美"是抽象的概念，只有自己的生活才是具体的，有许多遗憾是无法避免的。

抛开缺陷和不完美，并接受它们作为你人生的组成部分。爱默生说："快乐，不代表身边一切都是完美的。而是意味着你已决定无视某些小瑕疵。"你不妨思考一下，自己到底需要什么？

克服完美主义的方法

对于完美主义来说最具讽刺意味的是，它的特点体现为一种强烈的成功欲，但同时也可能会成为妨碍成功的东西。那么，该如何克服完美主义导致的拖延呢？

1.是否与童年创伤有关

如果是因为童年创伤而导致的完美主义拖延行为，先看到那份创伤是如何影响自己的。通常这些创伤的背后与严厉、高标准的父母有关，父母经常采用批评式的教育，使得孩子害怕失败，他们对失败会有灾难化后果的想象，觉得若这次失败了，自己也会就此完蛋。后来，拖延行为往往就成了一种自我防御的机制，用来逃避风险。一个人是如何成为完美主义者的？先是父母对他们有很高的要求，后来他们会将父母的严厉和高要求内化，变成自己对自己的严厉和高要求，即便那时父母已经放松了对他们的要求，他们也无法对自己降低要求，就像他们拿着一根绳子进行自我捆绑。你的完美主义拖延行为是否与童年创伤有关？如果有，先看到并且承认这份创伤，然后去治愈它。当创伤治愈后，拖延的问题可以通过建立新的习惯得到解决，甚至内心创伤治愈后，拖延问题会自然得到改善。

2. 设定真实可及的目标

很多完美主义者的拖延行为是因为将自己的目标制定得太大了，那些难以企及的高标准压得人无法行动。你需要看看自己是否将目标制定得太高，太不切实际了。如果是，就要进行调整，降低自己的期待，参考以往的成功经验，设定真实可完成的目标。如果有一个大目标，可以再将大目标分成几个连续的小目标，每一次小目标的完成都会增加你的自信心。

3. 享受做事情的过程

做事情时，把你的关注点放到过程上，以过程为导向，积极关注自己在过程中取得的成果，学习到的东西，获得的成长，并且去挖掘自己在过程中得到的乐趣。记得不要与别人比较，而是与自己比较，看看今天的自己与昨天的自己相比，今年的自己与去年的自己相比，是否进步了。重要的是在做事的过程中，你学到了什么，你对什么感到兴奋，你提升了什么，而结果只是一个背景而已。而能力也不再是一个固定的东西，它是可以变化和发展的，没有什么需要证明。当你在过程中得到很多的乐趣和快乐时，你会觉得那个过程本身即是结果，过程即充满了意义和价值。

4. 重新定义和看待失败

要克服拖延，完美主义者除了看重过程，还要把事情的成败与否与自己这个人本身的价值区分开来，"我做的事情失败了"并不等于"我这个人失败了"。如果我们改变面对失败的心态，能够把每一次失败都当成一次成长的契机，充实和提升自我的手段，可以丰富和扩展我们的人生，那么我们就不再如此害怕失败了。

5.不要破罐破摔

很多完美主义者都有一个不好的习惯，一旦打破自己的计划或者约定，他们就破罐破摔，彻底放弃，他们承受失败的能力几乎等于零。他们喜欢不断地重新开始，相信明天就会完美了，却不能做到更灵活地面对和处理那些不完美。他们只有两个极端，要么完美，要么放弃。保持一个灵活、充满弹性的心态可以帮助适应不良的完美主义者克服拖延。当打破约定后，你可以有其他的选择，比如重新调整计划，比如允许自己不完美，再比如选择完成而非完美。

第五章

拜托了，
别为拖延找借口

jieleba
tuoyanzheng

当有件事迟早需要做，而此刻的你又不想做这件事时，你可以找到上百种理由推迟它。人天生就有趋利避害的本能，而借口恰好迎合了这种本能。诸如"我很忙""我不知道怎么做"或"这和我无关"等借口，看似稀松平常，却像罂粟果一样让人成瘾。

不管给自己找的理由听起来多么真实可信，这都不过是借口。借口，往往会让拖延变得顺理成章，而拖延又为借口的诞生创造了条件。陷入这样的恶性循环中，就只能在拖延的旋涡里沉没。要打败拖延的恶习，就得先学会"没有任何借口"。

借口是拖延的温床

习惯性的拖延者通常都是制造借口与托词的专家。他们每当要付出劳动，或要做出抉择时，总会找出一些借口拖延以对。

找借口是一种不好的习惯。在遇到问题后不是积极、主动地去想方法加以解决，而是千方百计地寻找借口，你的工作就会变得越来越拖沓，更不用说什么高效率。某种程度上可以说，借口是拖延的温床。找到借口只是为了把自己的失败或过失掩盖掉，暂时人为制造一个安全的角落。但长期这样下去，借口就会变成一种习惯，就会成为拖延的温床，人就会疏于努力，不再想方设法争取成功了。

把每一个"平庸"先生拿来跟"成功"先生相比，你会发现，他们各方面（包括年龄、能力、社会背景、国籍，以及任何一方面）都很可能相同，只有一个例外，就是对问题的反应大不相同。

当"平庸"先生跌倒时，他就无法爬起来了，只会躺在地上骂个没完。但是，"成功"先生的反应却完全不同。他被打倒时，会立即反弹起来，同时会汲取这个宝贵的经验，继续往前冲刺。

失败也罢，做错了也罢，再美妙的借口对事情的改变没有任何作用！还不如再仔细去想一想，想想下一步究竟该怎样去做。在实际的工作中，我们每一个人都应当贯彻这种"没有任何借口"的思想。

著名的美国西点军校有一个久远的传统，遇到学长或军官问话，新生只能有四种回答：

"报告长官，是。"

"报告长官，不是。"

"报告长官，没有任何借口。"

"报告长官，我不知道。"

除此之外，不能多说一个字。

新生可能会觉得这个制度不尽公平，例如军官问你："你的腰带这样算擦亮了吗？"你当然希望为自己辩解，如"报告长官，排队的时候有位同学不小心撞到了我"。但是，你只能有以上四种回答，别无其他选择。

在这种情况下你也许只能说："报告长官，不是。"这既是要新生学习如何忍受不公平——人生并不是永远公平的，同时也是让新生们学习必须承担的道理：现在他们只是军校学生，恪尽职责可能只要做到服装仪容的要求，但是日后他们肩负的却是其他人的生死存亡。

"没有任何借口"是美国西点军校200年来奉行的最重要的行为准则，是西点军校传授给每一位新生的第一个理念。它强化的是每一位学员想尽办法去完成任何一项任务，而不是为没有完成任务去寻找借口，哪怕是看似合理的借口。秉承这一理念，无数西点毕业生在人生的各个领域取得了非凡的成就。

"没有任何借口"看起来似乎很绝对、很不公平，但"没有任何借口"的训练，让西点学员养成了完美的执行力以及在限定时间内完成任务的信心和信念。

因为借口只是拖延和失败的温床，工作没有借口，人生没有借口，成功永远也不属于那些寻找借口的人！

"我已经尽力了"只是借口而已

我们身边的很多人习惯于拖延，并且经常会说"我已经尽力了"，但是，你真的可以问心无愧地说："我已经全力以赴了吗？"

对自己说"已经尽力了"，只不过是一种自我安慰，一种对自己的谅解，对自己的放松。其实，胜利的果实也许就在彼岸向着你招手。很简单的道理，如果你全力以赴地去做了，往往会出现不一样的结果。

一个猎人带着他的猎狗去打猎。这时这个猎人发现了猎物，一只兔子。猎人瞄准后开枪。猎人打伤了那只兔子的一只后腿。这时兔子疯狂地往自己的窝里跑。猎人的猎狗也蹿了出去打算追到那只已经残疾的兔子孝敬它的主人。兔子越跑越快，猎狗却怎么都追不上那只断了腿的兔子。最后猎狗只能眼睁睁地看着兔子钻回了窝里。最好灰溜溜地回到了主人旁边。

主人很生气："我已经打伤了它一条腿了，你怎么还追不到它？"

猎狗惭愧地说："我已经尽力了，主人。我也不知道为什么，它会跑得那么快。"

那只兔子回到自己的窝之后，它的伙伴都来问它发生了什么。它说："我被猎人打伤了腿，他的猎狗一直追我，但是最终被我逃脱了。"

这时它的伙伴都很惊讶，问道："那怎么可能？你已经伤了一条腿了啊。猎狗怎么会没追到你？"

这只兔子回答道："因为我是竭尽全力了，而猎狗只是尽力而已。"

当你遇到困难的时候，是否能像寓言中的兔子一样，先别说难,首先竭尽全力地做呢？不要说"我已经尽力了"。什么是尽力？就是我们尽力了，但是还有余力，如果余力不发挥，我们就永远都不知道这余力的威力有多大。所以，不要过早下结论，等你把能力都使出来了之后再说"这就是结果"吧！

其实，人们习惯于说"我已经尽力了"，多少跟自己的"约拿情结"有关系。约拿是《圣经》中的人物。上帝要约拿到尼尼微城去传话，这本是一种难得的使命和很高的荣誉，也是约拿平素所向往的。但一旦理想成为现实，他又感到畏惧，感到自己不行，想回避即将到来的成功，想推却突然降临的荣誉。这种成功面前的畏惧心理，心理学家们称之为"约拿情结"。

人害怕自己最低的可能性，这可以理解，因为人人都不愿意正视自己低能的一面。但是，人们还会害怕自己最高的可能性，这很难理解。但这的确是存在的事实：人们渴望成功，又害怕成功，尤其害怕争取成功的路上要遇到的失败，害怕成功到来的瞬间所带来的心理冲击，害怕取得成功所要付出的极其艰苦的劳动，也害怕成功所带来的种种社会压力⋯⋯

我们大多数人内心都深藏着"约拿情结"。在面临机会的时候，我们要敢于打破平衡，认识并摆脱自己的"约拿情结"，勇于承担责任和压力，遇到事情不再找借口拖延，从而最终抓住获得成功的机会。

不全力以赴地解决问题，就会面临着前怕狼后怕虎的局面，最后不但不能解决问题，还让自己丧失了继续的勇气。所以，我们在工作中应该全力以赴去解决我们遇到的每一个问题，千万不要把"我已经尽力了"的借口时刻放在口头。

解决问题，让问题到此为止

在战场中，需要能够带来胜利而不是问题的将军，同样道理，任何时候都需要那些能够克服困难，能够带来结果而不是问题的人。

只不过，我们的身边总是不乏那些不断推诿责任以至于不断拖延的事例。在某企业的季度会议上就可以听到类似的推诿。

营销部经理说："最近销售不理想，我们得负一定的责任。但主要原因在于对手推出的新产品比我们的产品先进。"

研发经理"认真"总结道："最近推出新产品少是由于研发预算少。大家都知道杯水车薪的预算还被财务部门削减了。"

财务经理马上接着解释："公司成本在上升，我们能节约就节约。"

这时，采购经理跳起来说："采购成本上升了10%，是由于俄罗斯一个生产铬的矿山爆炸了，导致不锈钢价格急速攀升。"

于是，大家异口同声说："原来如此！"言外之意便是：大家终于都找到了推脱的借口。

最后，人力资源经理终于发言："这样说来，我只好去考核俄罗斯的矿山了？"

这样的情景经常在各个企业上演着——当工作出现困难时，

各部门不寻找自身的问题，而是指责相关部门没有配合好自己的工作。相互推诿、扯皮，责任能推就推，事情能躲就躲。最后，问题只有不了了之。

美国总统杜鲁门上任后，在自己的办公桌上摆了个牌子，上面写着"book of stop here"，翻译成中文是："问题到此为止。"也可以理解为，让自己负起责任来，不要把问题丢给别人。

在生活和工作中，总会有问题出现，我们解决问题的能力越大，就越能体现我们的价值！如果我们面对问题，不是一味去找借口，而是积极主动地寻找方法，再难的问题也能解决。

能不能解决好问题，也是一个企业衡量员工价值重要的标准。你有多少解决不了问题的借口都没有任何用处，对于决策者和你自己来说，你解决问题的结果才是最需要的。

王光和张颐同时供职于一家音像公司，他们能力相当。有一次，公司从德国进口了一套当时最先进的采编设备，比公司现用的老式采编设备要高好几个档次。但是说明书是用德文写的，公司里没有人能看得懂。老板把王光叫到办公室，告诉他："我们公司新引进了一套数字采编系统，希望你做第一个吃螃蟹的人，然后再带领大家一起吃。"王光连忙摇头说："我觉得不太合适，一方面我对德语一窍不通，连说明书都看不懂；另一方面，我怕把设备搞出毛病来。"老板眼里流露出失望的神色。他又叫来了张颐，张颐很爽快地答应了，老板很高兴。

张颐接下任务后就马不停蹄地忙碌起来。他对德文也是一窍不通，于是就去附近一所大学的外语学院，请德语系的教授帮忙，把德文的说明书翻译成中文。在摸索新设备的过程中，他有很多不明白的地方，就在教授的帮助下，通过电子邮件，向德国厂家的技术专家请教。短短一个月下来，张颐已经能够熟练使用新的采编设备。在他的指导下，同事们也都很快学会了使用方法。张颐因此得到了老板的赞赏。

以后，有了什么任务，老板总是第一时间找到张颐。因为他知道，张颐不会让他失望。

一个习惯于寻找借口的人，总是和悲观主义、无助感等消极因素相伴而行。"没有解决不了的问题，只有解决不了问题的人"是一种自信与勇敢的体现，这表明了一个人对自己的职责和使命的态度。

我们在工作生活当中，任务或工作完成不好的情况下，往往会找出这样或那样的借口来掩饰我们的失误、无能、懦弱和懒惰。其实，无论对于自己还是对于他人而言，真正需要的并不是借口，而是让问题到此为止！

生活的赢家，从来没有借口

"道力要靠魔力推"，人的一生是在克服困难和解决问题中不断成长的。问题是永远存在的，再美妙的借口也不能解决问题！与其把时间和精力用到寻找借口上，不如仔细琢磨采用什么方法解决问题。

面对种种不如意，我们总是有意无意在为自己找借口。于是，由此衍生了两类人：一类喜欢以"如果"作为口头禅的开头，"如果当初我不这样就好了""如果当初我那样做就好了""如果我有这样一个上司就好了"，这类人总是为自己的各种拖延行为寻找借口；一类喜欢以"如何"作为自己的标签："如何克服工作中的困难""如何提升自己的工作能力""如何把事情干得更漂亮"，这类人总是为自己在积极行动。

　　美国一个成功的推销员在回答如何训练推销员时说道："我教他们做一个只想'如何'的人，而不是做一个只想'如果'的人。"

　　他指出了考虑"如何"和只想"如果"之间的差异。"想'如果'的人，只是难过地追悔一个困难或一次挫折，悔恨地对自己说：'如果我没有做这或那……如果当时的环境不一样的话……如果别人不这样不公平地对待我的话……'就这样从一个不妥当的解释或推理转到另一个，一圈又一圈地打转，终是于事无补。不幸的是，世上有不少这样只想'如果'的失败的人。

　　"考虑'如何'的人在麻烦或甚至于灾难降身时，不浪费精力于追悔过去，他总是立刻找寻最佳的解决办法，因为他知道总会有办法的。他问自己：'我如何能利用这次挫折而有所创造？我如何能从这种状况中得出些好结果来？我如何能再从头干起，重整旗鼓？'他不想'如果'，而只考虑'如何'。这就是我们教给推销员的成功程式。

　　"考虑'如何'的人会很有效率地解决问题，因为他知道在困难之中总可以找到价值。他不把时间浪费在没有助益的'如果'上，而立刻去思量具有创造性的'如何'。他排除有破坏力的想法，而运用有建设效果的想法。而且他永不放弃，无论如何，他也不放弃。请你相信我。"他最后说，"如果今天世界上有更多只考虑'如何'的人，你想想看我们会做出多少事来？"

很多人在遇到问题时，不知道去多问几个"为什么"，多提几个"怎么办"，而是逃避问题，拖延工作，这样的人不可能成为生活的赢家。

遇到困难和问题，遭受失败和挫折以后，把注意力放在"如果"上面是解决不了任何问题的。每每到了这个时候，最为关键的是要想到"如何"二字，即如何摆脱困境，如何从失败中奋起，如何解决自己面临的问题。当然，每个人遇到的时机问题不同，回答"如何"的答案也不同。

当遇到问题和困难的时候，许多人喜欢找各种理由。但是时间绝对不会倒流，"如果"这个词也就是失去了实用价值。成功者在面对问题时，想办法去解决问题，刘新就是懂得"如何"做的创业者。

十几年前，年轻的刘新开了个小饭馆。但并不顺利，半年多的时间，不仅血本无归，还欠下不少债务。刘新并没有气馁，他亲自到市场上去采购新鲜蔬菜，并考察市场行情。在长期采购的过程中，刘新发现小土豆作为东北地区的土特产，虽然块头比一般土豆小得多，可营养价值却比较高。

于是，为了开发小土豆，刘新在烹制小土豆上刻苦钻研。随着"小土豆"工艺的日渐成熟，他每餐都要免费给消费者赠送一盘自家精心制作的开胃小菜——酱小土豆。

后来，很多人都喜欢吃刘新饭馆的小土豆，他的店名干脆就改成了小土豆酱菜馆。刘新又开始集中精力四处走访、大量收集民间的小土豆烹调技术，然后加以改进，在其中添加了多种药材、酱油，拌以五花肉、香菜等进行炖制。就这样，一道颇具东北地区特色的小土豆特色菜就真的应运而生了。

一招鲜，吃遍天。小土豆特色菜问世后，受到消费者的热烈欢迎。如今的小土豆连锁店已经成为东北人最为熟悉的餐饮品牌之一。

在遇到失败和挫折的时候，"如果"的设想和借口没有用，"如何"的回答才能解决问题。只要多想想"如何"去做，而不是纠缠于"如果"式的各种借口中，克服困难，走出失败，就大有希望。

心不觉得难，事情就不难

人类对未知的事物有着一种本能的恐惧，而一个新的问题对于人们来说就是未知的。面对未知的新问题，你能够克服多少困难、多少侮辱、多少误解和多少诽谤？别人的反对意见是否让你退缩，或者只是使你更坚强、更支撑起你的决心？你可以毫不退缩地坚持到一种什么样的程度？

其实，未知、新问题带来的恐惧并不可怕，可怕的是我们因为恐惧而退缩，无法继续前行；可怕的是我们沉寂在自我暗示中，停止了前行的步伐。

当你面对一个难题的时候，你的恐惧之心占了上风，你害怕不能战胜难题，你同样害怕自信心的伤害。于是你又开始寻找借口，选择拖延，你想避开痛苦，想通过寻找回避问题来削弱内心的恐惧。如果你认为这样真的有用，那就是自欺欺人。恐惧只会带来更多的恐惧，而当你坚定自己的内心，勇敢面对，就会发现恐惧并没有我们想象的那么可怕、难以克服。

麦克·英泰尔是一个平凡的上班族，但是他从小就是一个懦弱的人：从小他就怕保姆、怕邮差、怕鸟、怕猫、怕蛇、怕蝙蝠、怕黑暗、怕大海、怕城市、怕荒野，怕热闹又怕孤独、怕失败又怕成功、怕精神崩溃……他无所不怕。

37 岁那年他做了一个疯狂的决定，只带了干净的内衣裤，由阳光明媚的加州，靠搭便车与陌生人的仁慈，横越美国。

他的目的地是美国东海岸北卡罗来纳州的恐怖角。

4000 多英里路的路途中，他没有接受过任何金钱的馈赠，在雷雨交加中睡在潮湿的睡袋里；也有几个像公路分尸案杀手或抢匪的家伙使他心惊胆战；在游民之家靠打工换取住宿；住过几个陌生的家庭；碰到过患有精神疾病的好心人。

最后，恐怖角到了，但恐怖角并不恐怖。原来"恐怖角"这个名称，是由一位 16 世纪的探险家取的，本来叫"Cape Faire"，被讹写为"Cape Fear"。只是一个失误。

当你对严峻的现实感到束手无策时，如果屈服于内心的"纸老虎"，只会更加恐惧。事实上，任何问题都没有我们想象的那么可怕。只要能克服内心的恐惧，和麦克·英泰尔一样，勇敢而执着坚持，就会发现困难并没有想象中的那么可怕。

无论有多么棘手的问题挡在你前进的道路上，你都不应感到畏惧，而应该用积极的心态去迎接它，然后运用智慧寻找解决之道。

20世纪50年代初，美国某军事科研部门着手研制一种高频放大管，发明家贝利负责的研制小组承担了这一困难重重的任务。上级主管部门在给贝利小组布置这一任务时，鉴于以往的研制情况，同时还下达了一个指示：不要查阅有关书籍。

经过贝利小组的共同努力，终于制成了一种高达1000个计算单位的高频放大管。在完成了任务以后，研制小组的科技人员都想弄明白，为什么上级要下达不准查书的指示？

于是他们查阅了有关书籍，结果让他们大吃一惊，原来书上明明白白地写着：如果采用玻璃管，高频放大的极限频率是25个计算单位。"25"与"1000"，这个差距太大了！

后来，贝利对此发表感想说："如果我们当时查了书，一定会对研制这样的高频放大管产生畏惧，就会没有信心和勇气去研制了。"

正是因为上级主管部门的英明决定，贝利小组才能勇敢迎战困难。在工作中，我们可能也会遇到这种情况：某一问题就像山一样摆在面前，要克服它，似乎完全不可能。于是，一种说不出的恐惧不招自来。

在面对难题的时候，许多人因为畏惧问题，所以开始寻找畏惧的理由，不断说服自己问题是多么巨大，情况是多么艰难，从而不可能找到解决问题的良方，这样我们的畏惧就会变得正常而合理。

其实，对于恐惧，若你能控制它们、驱除它们，它们就会自动离开你的内心；反之，你越觉得它们真实，越是对其心存畏惧，它们越会肆无忌惮地吞噬你。面对问题也是如此，你越畏惧问题，那你就越容易被问题击倒；相反，你迎向这些问题，你就有可能解决它。

其实，生活和工作就是一个战场，在这个没有硝烟的战场上，我们会遇到无数的困难，"我该怎么办呢？"出现这种想法是很正常的，暂时的情绪低落也未必是件坏事，但一味地采取消极的态度拖延以对，暗示自己"我不行"，困难就会越来越大。但如果相信自己可以，开动脑筋，用行动来解决问题，最后定能战胜困难，打破"纸老虎"。

负责的人，不需要借口

很多的人都有这样的倾向：对于遇到的问题，首先是寻找一些逃脱的理由；一旦有解决不了的问题，总是把希望放在别人的身上，借此希望获得别人的帮助。其实，有这种心理很正常，但是也很可怕。

作为一个负责的人，我们遇到问题的时候，首先应"自力更生"，先看看自己可以做什么，能做什么。

当问题出现的时候，忙着找这个或者那个的原因，其实，我们忽略了：解决问题的方法往往就在自己的身上。如果能够认识自己，了解自身的能力，面前的问题自然会迎刃而解。

遇事求己，把解决问题的基点放在自己身上。在遇到困难时，能够始终坚持理想的追求，不放弃、不抛弃，始终怀揣着一颗视苦难为挑战的豁达的心。这时，即使你遭遇到的困难再多一些，在你看来，也只是量的累加，也只是成功路上小小的绊脚石。

遇事求己，也就意味着当你独自面对困难时，你选择了执着和超越自我。在这样一种精神的指导下，你也必定能够解决问题、化解困难。

有些人往往认为自己是没有能力的，他们面对问题的时候，不是抱怨环境，就是想要依靠他人。其实，我们首先要做的是考虑自己，依靠自己的力量解决问题，每个人都可以使身边的环境有所变化。

有些人在事业不如意时，常常不知追根究底，找出自己真正的问题所在，而是拖延以等待环境或者他人向自己期望的方向改变——让外在的因素改变到对自己有利的方面上来，使问题得以解决。

其实，他们没有认识到问题的本质：自己就是问题的根源，自己身上就藏有问题的答案。

对于刚做旋车工的萨姆尔来说，他似乎觉得自己的一生都要消磨在旋钉子这件琐事上了。他满腹牢骚，可是又有什么办法呢？难道去找工头说：我希望得到另外一份更好的工作？但是，可以想象得到工头听到这些话时的轻蔑神情。要么，干脆就辞职不干了，另外再去找一份工作！这可是他费了九牛二虎之力才找到的一份工作啊！萨姆尔是绝对不能轻易辞掉的。

难道就没有别的办法来改变这种讨厌的工作吗？当萨姆尔想到这一点时，他立刻想出一个很聪明的方法，可以使这种单调乏味的工作变成一件很有趣味的事——他要把它变成一种游戏。他转过头来对他的同伴说："让我们来比赛吧，荷维德。你在你的旋机上磨钉子，把外面一层粗糙的东西磨下来。然后，我再把它们旋成一定的尺寸。我们比一比，看谁做得快。过一会儿如果你磨钉子磨烦了，我们再换着做。"

荷维德同意了他的建议，于是，他们俩之间的比赛马上就开始了。这样一来，果不其然，工作起来并不像以前那么烦闷，而且工作效率还比以前提高了。不久，工头便给他们调换了一个较好的工作。

这位聪明的年轻人萨姆尔就是后来鲍耳文火车制造厂的厂长。

你看，萨姆尔并不是咬紧他的牙齿，像受酷刑一样去从事自己所痛恨的工作，而是把工作变成了一种游戏，使自己做起来饶有趣味。

每一个人，无论是工作还是生活，也许每天都要面对层出不穷的问题，而问题永远不会自动消失。最好的办法，就是认识到自己可能的不足，勇敢地面对问题，突破自己，主动去解决问题。

本该从自身找答案的时候，如果仅在外部环境上找解决方法，那是很难解决问题的。在问题面前，最需要我们能够面对环境的发展变化，突破自身的思维、能力限制，及时调整自己的观点和思路，及时改变自己的生存方式，只有这样才有可能最终走向成功。

不要让"借口"毁了你

我们对于不愿意去做的事情，总选择拖延，并且总能找出千万个借口来推脱。有些人总是喜欢找各种各样的理由来证明自己为什么做不到，或者把工作中出现的失误怪罪到别人身上。

其实，当你不愿意去做一件事情时，在做之前你就已经想好了借口。这样你会认为，能够完成当然是好事，不能做好也能够开脱。

休斯·查姆斯在担任"国家收银机公司"销售经理期间，曾面临了一种最为尴尬的情况，公司的销售量一直在下跌。到后来，情况极为严重，销售部门不得不召集全体销售员开一次大会，在全美各地的销售员皆被召去参加这次会议。查姆斯先生主持了这次会议。他请手下最佳的几位销售员站起来，要他们说明销售量为何会下跌。这些推销员在被唤到名字后——站起来，每个人都有一段最令人震惊的悲惨故事要向大家倾诉：商业不景气、资金缺少、人们都希望等到总统大选揭晓之后再买东西，等等。每个销售员都在列举使自己无法达到平常销售配额的种种困难情况，会场弥漫着一股悲壮的气氛。

从旁观者的角度出发，这些销售员的理由的确是没有错的。但是，很显然，公司安排销售员这个职位，是为了解决问题，而不是听他们对困难的长篇累牍的分析。如果有些事情必须由你来完成，你就没必要准备各种借口而浪费时间，除非你想离开那个岗位。

当以这样或那样的借口为自己推脱责任时，事情的结果已经被自己限定死了。在工作中需要解决问题之前，不要着急为自己寻找借口，而应千方百计克服困难。当我们想做成事情时，一定能找到方法。

还是让我们来看看休斯·查姆斯是如何做的：

当销售员们还在阐述各种困难时，查姆斯先生说道："停止，我命令大会暂停十分钟，让我把我的皮鞋擦亮。"

然后，他命令坐在附近的一名小工友把他的擦鞋工具箱拿来，并要求这名工友把他的皮鞋擦亮。在场的销售员都惊呆了。那位小工友先擦亮他的第一只鞋子，然后又擦另一只鞋子，表现出一流的擦鞋技巧。

皮鞋擦亮之后，查姆斯先生给了小工友钱，然后说道：

"我希望你们每个人好好看看这个小工友。他拥有在我们整个工厂及办公室内擦鞋的特权。他的前任男孩，年纪比他大得多，尽管公司每周补贴他五元的薪水，而且工厂里有数千名员工，但他仍然无法从这个公司赚取足以维持他的生活的费用。

　　"这位小男孩不仅可以赚到相当不错的收入，既不需要公司补贴薪水，每周还可以存下一点钱来，而他和他的前任的工作环境完全相同，也在同一家工厂内，工作的对象也完全相同。

　　"现在我问你们一个问题，那个前任男孩拉不到更多的生意，是谁的错？是他的错还是顾客的错？"

　　那些推销员回答说：

　　"当然了，是那个男孩的错。"

　　"正是如此。"查姆斯说，"现在我要告诉你们，你们现在推销收银机和一年前的情况完全相同：同样的地区、同样的对象以及同样的商业条件。但是，你们的销售成绩却比不上一年前。这是谁的错？是你们的错，还是顾客的错？"

　　推销员们异口同声地回答：

　　"是我们的错！"

　　结果，可想而知：他们成功了。

　　在事情开始前，不要抱怨问题、不要回避困难。任何一件事情，无论它有多么的艰难，只要你认真去做，全力以赴去做，就能化难为易的。与其把时间花在找借口上，不如把时间花到找方法上。

你经常说的一句话可能是："我以前从没那么做过"或"这个问题好像很复杂，很难解决"。这些话其实就是腐蚀你的慢性毒药，是慢慢吞噬你身体的响尾蛇。没错，在做事之前你可能会有一丝担忧，任何人都会一样。但是优秀的人从不找借口，他们唯一花时间的是寻求方法去完成事情。

不要让借口迷惑住自己，从而阻挡了我们前进的道路。每当做一件事情时，就应该想到这句话：有志者事竟成。

盘点：

无处不在的借口有哪些

当一个人不愿意、不想做一些事情的时候，就会找出无数个借口。推卸责任、转嫁过失、拖延、自欺欺人的行为随时随地都在发生。这些行为也衍生出很多看似堂皇的借口，在办公室当中流行着。我们不妨盘点一下：

1."我现在很忙，等下周吧"

这是典型的拖延型借口。如果一个人的工作进度是按时间表规划好的，那么他会在接受任务时告诉你这项工作为什么目前不能做，手边有什么事情，大概会在什么时间段来操作这个项目。

2."我很难和他合作"

当一名员工总是把自己工作中的不顺利归结在别人身上的时候，也许他已经意识到自己的能力不够。尤其是当另外一个人提出了比较尖锐或敏感的问题，凭自己的经验已经解决不了，又很难回避的时候，他往往就会很无奈地说出这个借口。

3."不是我不努力，是对手太强"

这句话一般出自某场战斗的败北者口中。遭遇困难时，积极地克服与应对会更加激发出一个人的潜能，不然就不会发生后来者超越前者的故事了。而不思进取最终是意志品质上的认输，对手太强的意思就是：我比人家差太多。

4."这件事跟我没关系"

如果用"嫁祸他人以减轻自己责任"来诠释它的含义，也并不显得过分。无论在哪一家公司，骄人的业绩都来自团队每一个部门、每一个人的紧密协作，而问题出现在某一个结点上也会影响全局。

5."事先没人告诉我"

比起事不关己的彻底逃避型，喜欢用"事先没人告诉我"来推脱责任的人更容易一脸无辜地来为自己解脱。这个借口的前戏是敷衍行事，而后戏就是出现问题把矛盾指向那个事先应该告诉你的人。

6."我们一直就是这样的"

当工作没有突破，或有人提出墨守成规的不足时，委屈的人会采用这个借口。一个缺乏创新精神的员工总是喜欢沿用传统而固定的模式，按部就班地工作。

第六章

战拖神器——
良好的专注力

专心致志意味着排除情绪干扰，因此选择性注意的神经网络包含了抑制情绪的回路。也就是说，专注的人更不容易受情绪起伏的影响，泰山崩于前而面不改色，深处感情旋涡而不摇摆，可以说，专注力是战胜拖延症的强大力量。

学会控制你的思维。事实上，注意力不集中，无非主要分内因和外因两类，找到它们，并排除它们。

不再四处救火，你必须拥有专注力

你是否有过这样的沮丧经历，你忙于四处救火，一天忙到晚，但你的努力却没有什么回报，几乎所有的事情都陷入拖延的状态。有时你是否会因为时光不断流逝，却无法迅速做完事情而生自己的气？你明白自己不应该再拖延，但你却不清楚如何才能做这种改变。

实际上，这一改变需要专注。你如果注意力分散、无法集中精力，那是再正常不过的事。在清醒的每一刻，你忙于应付来自外界的各种干扰，这会儿你的注意力被铺天盖地的广告占据，下一秒你的注意力可能就被父母或同事的唠叨所占据。当初自己所设定的那些目标，总是那么遥不可及，而这一切都是不够专注的错。

戴尔公司董事会主席戴尔·迈克尔说过："专注，具有神奇的力量。它是一把打开成功大门的神奇之钥！它能打开财富之门，它也能打开荣誉之门，它还能打开潜能宝库的大门。在这把神奇之钥的协助下，我们已经打开了通往世界所有各种伟大发明和成功的秘密之门。"

康威尔专心于发表一篇单独演说《满坑满谷的钻石》，结果使他获得了超过 600 万美元的报酬。

赫斯特专心于创办煽情性的报纸，使他赚入几百万美元。

伊斯特曼致力于生产柯达小照相机，为他赚进数不清的金钱，也为全球人类带来无比的乐趣。

雷格莱专心于生产及制造一包五美分的口香糖，结果使他赚进数以百万计的利润。

杜何帝专心于建造及经营公用事业工厂，并使自己成为一名百万富翁。

英格索致力于生产廉价手表，终于使全世界充满各式各样的钟表，也使他获得了大笔财富。

巴尼斯专心于销售爱迪生牌语音机，他在年轻时就宣布退休，那时他已经为自己赚进了用不完的钱。

吉利致力于生产安全刮胡刀片，使全世界的男人都能把脸刮得"干干净净"，也使自己成为一名百万富翁。

洛克菲勒专心于石油事业，使他成为他那一时代最有钱的商人。

福特专心于生产廉价小汽车，结果使他成为有史以来最富有及最有权势的人物。

卡内基专注于钢铁事业，积聚了庞大的财富，他的姓名被刻记在美国各地的公共图书馆里。

专注让人获得成功，也让人享受迅速完成工作的乐趣。人们能够在专注中忘却烦恼与哀愁，当一个人集中精力专注于眼前的工作时，就会减轻其工作压力，做事就不会觉得令其生厌，也不再风风火火和毛躁。对工作的专注，甚至还能使一个人更热爱公司，更加热爱自己的工作，并从工作中体会到更多的乐趣。

一个人不能专注自己的工作，是很难把事情做好的。专注于某个目标，并全身心投入的人，往往会创造出工作的奇迹。

当我们专注于一件事时，你会发现自己的思维异常活跃，能够高效率地做事，而且许多平时难以解决的难题也会变得简单起来。这就是专注的力量。

凯特在一家广告公司做创意文案。一次，一个著名的洗衣粉制造商委托凯特所在的公司做广告宣传，负责这个广告创意的好几位文案创意人员拿出的东西都不能令制造商满意。没办法，经理让凯特把手中的事务先搁置几天，专心把这个创意文案完成。

连着几天，凯特在办公室里对着一整袋的洗衣粉在想："这个产品在市场上已经非常畅销了，人家以前的许多广告词也非常富有创意。那么，我该怎么下手才能重新找到一个点，做出一个与众不同、又令人满意的广告创意呢？"

有一天，他在苦思之余，把手中的洗衣粉袋放在办公桌上，又翻来覆去地看了几遍，突然间灵光闪现，想把这袋洗衣粉打开看一看。于是，他找了一张报纸铺在桌面上，然后，撕开洗衣粉袋，倒出了一些洗衣粉，一边用手揉搓着这些粉末，一边轻轻嗅着它的味道，寻找感觉。

突然，在射进办公室的阳光照耀下，他发现了洗衣粉的粉末间遍布着一些特别微小的蓝色晶体。审视了一番后，证实的确不是自己的眼睛看花了，他便立刻起身，亲自跑到制造商那儿问这到底是什么东西。之后，他得知这些蓝色水晶体是一些"活力去污因子"。因为有了它们，这一次新推出的洗衣粉才具有了超强洁白的效果。

明白了这些情况后，凯特回去便从这一点下手，绞尽脑汁，寻找最好的文字创意，后来他做出了非常成功的广告方案。广告播出后，这项产品的销量急速攀升。

爱迪生认为，高效工作的第一要素就是专注。他说："能够将你的身体和心智的能量锲而不舍地运用在同一个问题上而不感到厌倦的能力就是专注。对于大多数人来说，每天都要做许多事，而我只做一件事。如果一个人将他的时间和精力都用在一个方向、一个目标上，他就会成功。"凯特的经历就充分证实了这一点。

很多人之所以习惯拖延，并不是因为他们没有才干，而是他们无法专注。专注是高效工作的"捷径"，一心一意地专注于自己的工作，是每个优秀者获取成功不可或缺的品质。

排除一切干扰，专注地投入其中

很多时候，我们并不喜欢总是拖延，因为要疲于应付外界的各种干扰，事情不知不觉中就耽搁下来了。

不拖延的奥秘就是做到专心致志、心无旁骛。心无旁骛的人在做任何事情的时候，都能够不被外界影响，专心于自己的目标上，工作高效并最终获得成功。

孔子带领学生去楚国采风。他们一行从树林中走出来，看见一位驼背翁正在捕蝉。他拿着竹竿粘捕树上的蝉，就像在地上拾取东西一样自如。

"老先生捕蝉的技术真高超。"孔子恭敬地对老翁表示称赞后问，"您对捕蝉想必是有什么妙法吧？"

"方法肯定是有的，我练捕蝉五六个月后，在竿上垒放两粒粘丸而不掉下，蝉便很少逃脱；如垒三粒粘丸仍不落地，蝉十有八九会捕住；如能将五粒粘丸垒在竹竿上，捕蝉就会像在地上拾东西一样简单容易了。"

捕蝉翁说到此处，将将胡须，开始对孔子的学生们传授经验。他说："捕蝉首先要练站功和臂力。捕蝉时身体定在那里，要像竖立的树桩那样纹丝不动；竹竿从胳膊上伸出去，要像控制树枝一样不颤抖。最重要的是，注意力高度集中，只要我捕蝉，无论天大地广，万物繁多，在我心里只有蝉的翅膀。无论风吹鸟鸣，我都不被打扰。精神到了这番境界，捕起蝉来，还能不手到擒来、得心应手吗？"

驼背翁捕蝉的故事不仅给孔子及弟子们以启示，也给我们以启示：不被任何事情打扰，才能出色高效地完成事情。一个人，假如想尽快做自己的事，却被周围很多事情吸引注意力，很轻易地被打扰，这样的人做事肯定喜欢拖延。要知道，很多所谓做事迅速的人无不是克服了外界的很多打扰，能够忽视外界的影响，全身心地投入，他们往往也是各行各业的佼佼者。

著名的 IBM 公司在招聘员工时，通常在最后一关时，都由总裁亲自考核。

营销部经理约翰在回忆应聘时的情景时说："那是我一生中最重要的一个转折点，一个人如果没有心无旁骛的精神，那么他就无法抓住成功的机会。"

那天面试时，公司总裁找出一篇文章对约翰说："请你把这篇文章一字不漏地读一遍，最好能一刻不停地读完。"说完，总裁就走出了办公室。

约翰心想：不就读一遍文章吗？这太简单了。他深呼吸一口气，开始认真地读起来。过一会儿，一位漂亮的金发女郎款款而来，"先生，休息一会儿吧，请用茶。"她把茶杯放在桌几上，冲着约翰微笑着。约翰好像没有听见也没有看见似的，还在不停地读。又过了一会儿，一只可爱的小猫伏在他的脚边，用舌头舔他的脚踝，他只是本能地移动了一下他的脚，丝毫没有影响他的阅读，他似乎也不知道有只小猫在他脚下。

那位漂亮的金发女郎又飘然而至，要他帮她抱起小猫。约翰还在大声地读，根本没有理会金发女郎的话。终于读完了，约翰松了一口气。这时总裁走了进来问："你注意到那位美丽的小姐和她的小猫了吗？"

"没有，先生。"

总裁又说道："那位小姐可是我的秘书，她打扰了你几次，你都没有理她。"

约翰很认真地说："你要我一刻不停地读完那篇文章，我只想如何集中精力去读好它，这是考试，关系到我的前途，我不能不专注于更重要的一些事。别的什么事我就不太清楚了。"

总裁听了，满意地点了点头，笑："小伙子，你表现不错，你被录取了！在你之前，已经有很多人参加考试，可没有一个人及格。"他接着说："在纽约，像你这样有专业技能的人很多，但像你这样专注工作的人太少了！"

果然，约翰进入公司后，靠自己的业务能力和对工作的专注热情，很快得到提升。

心无旁骛，会让我们做事情更加高效。在进行工作时，如果不断地因为外界的打扰分散注意力，就不能专注于当前正在处理的事。如果一个人不能忽视外界影响，而是一会儿被一个电话，一会儿被一个短信，一会儿被别人说的话干扰，工作效率就会大打折扣。

养成心无旁骛的习惯，你的工作会变得更有效率，你也能更加乐于工作。一方面，当你心无旁骛地工作时，你不被任何外界因素打扰和影响，你对工作的焦虑会大大减轻。因为你越是不被外界打扰，越能排除搅扰你注意力的因素，你心中的事情就越来越少，而很多时候工作上的毛躁与焦虑是因为我们心中的事情太多。另一方面，当我们心无旁骛地工作时，外界因素在我们心中就会居于次要的地位，我们会少了很多对工作环境和同事的抱怨，自然与同事的关系更和谐，享受到更多的工作乐趣。

无论做什么事，心无旁骛地完成自己已锁定的目标，不被外界打扰是高效工作、做事不拖延的关键，它会让你在享受工作的快乐的同时，也享受事业的成功。

聚焦你的全部力量

一个人的精力总是有限的，即使天才也是一样。如果投入精力过于分散，就会像阳光散射在纸上；只有把精力集中到一点上，才有可能使事业之纸燃烧。就像通过凸透镜把众多光束集中到一个焦点，从而引起燃烧一样，人的智慧和力量也可以在"聚焦效应"作用下形成成才所需的必要能量。

好多年前，有人要将一块木板钉在树上当搁板，贾金斯走过去管闲事，想要帮那个人一把。那人说："你应该先把木板头子锯掉再钉上去。"于是，他找来锯子之后，还没有锯到两三下又撒手了，说要把锯子磨快些。于是他又去找锉刀。接着又发现必须先在锉刀上安一个顺手的手柄。于是，他又去灌木丛中寻找小树，可砍树又得先磨快斧头。磨快斧头需将磨石固定好，这又免不了要制作支撑磨石的木条。制作木条少不了木匠用的长凳，可这没有一套齐全的工具是不行的。于是，贾金斯到村里去找他所需要的工具，然而这一走，就再也不见他回来了。

后来人们发现，贾金斯无论学什么都是半途而废。他曾经废寝忘食地攻读法语，但要真正掌握法语，必须首先对古法语有透彻的了解，而没有对拉丁语的全面掌握和理解，要想学好古法语是绝不可能的。贾金斯进而发现，掌握拉丁语的唯一途径是学习梵文，因此便一头扑进梵文的学习之中，可这就更加旷日费时了。

贾金斯从未获得过什么学位，他所受过的教育也始终没有用武之地。但他的先辈为他留下了一些家产。他拿出 10 万美元投资办一家煤气厂，可造煤气所需的煤炭价钱昂贵，这使他大为亏本。于是，他以 9 万美元的售价把煤气厂转让出去，开办起煤矿来。可这又不走运，因为采矿机械的耗资大得吓人。因此，贾金斯把在矿里拥有的股份变卖成 8 万美元，转入了煤矿机器制造业。从那以后，他便像一个内行的滑冰者，在有关的各种工业部门中滑进滑出，没完没了。

事实上，我们许多人不也像贾金斯一样，做的事情很多，今天搞销售，明天又从事管理，后天又去搞产品开发等，结果没有一样做好。这些人之所以没有什么成就，原因就是没能够在一个行业生根，没能把自己的全部能力聚焦在一个点上。

日本有句谚语叫作"滚石不生苔"。一个人如果无法把能量聚焦在一个领域上，不断地离开原来的工作转而从事新的工作，就像"滚石"一样，虽然经历了很长时间的磨炼，积累了很多东西，但无形中又把它们都损失掉了。他所积累的资历、职位、经验和人际关系网络等，都会因为他无法聚焦能量在一点上而付诸东流。一个做事无法把所有能量聚焦在一个点上的人只能在一个台阶上打转，就算走得再久也无法登上下一个阶梯。

你也许会注意到，针尖虽然几乎细不可见，剃刀或斧头的刀刃虽然薄如纸片，然而，正是它们在披荆斩棘中起着决定性的开路先锋的作用。如果没有针尖或刀刃，那么针或刀都无法发挥作用。在生活中，能够克服艰难险阻，最后顺利到达成就巅峰的人，也必是那些能够在某一行业学有所专，真正地将自己的能量聚焦在某一个点，因而有着刀刃般锐利锋芒的人。只有将光与热聚焦到一个点上，才能产生最大的力量，才能高效地工作！

争取一次就把事情做到位

有一位地毯商人，看到最美丽的地毯中央隆起了一块，便把它弄平了；但是在不远处，地毯又隆起了一块，他再把隆起的地方弄平；不一会儿，在一个新地方又再次隆起了一块；如此一而再、再而三地，他试图弄平地毯；直到最后他拉起地毯的一角，看到一条蛇溜出去为止。

很多人解决问题，就像这位地毯商人一样，并非第一次就把事情解决，只是把问题从系统的一个部分推移到另一部分，或者只是完成一个大问题里面的一小部分，经过一而再再而三的重复，极大地浪费了时间。

很多人都有这种思维：这次做不对，还有下次呢。可是，下次到了，又推到了下下次，如此，事情永远得不到彻底的解决。比如，工厂的某台机器坏了，负责维修的师傅只是做一下最简单的检查，只要机器能正常运转了，他们就停止对机器做一次彻底清查，只有当机器完全不能运转了，才会引起人们的警觉，这种只满足于小修小补的态度如果不转变，将会给公司和个人带来巨大的损失。正确的做法是第一次就把事情做对，不把问题留给下一次。

对于任何一件工作，要么干脆不做，要么一次性解决，第一次就把事情做对。一步到位是一种绝对认真的做事方式。做一件事，我们如果存有下次再来或会有别人解决的想法，那么，我们这一次就不会全身心投入，失败的概率就很大。

李伟是一家广告公司创意部的经理，但他有一个毛病，就是做事粗糙，为此曾给自己和公司的工作带来不少麻烦，他自己也苦不堪言。

有一次，公司接到一个客户的任务。由于完成任务的时间比较紧，在第一次审核广告公司回传的样稿时，没有仔细检查。后来，在反复修改中，他自认为已经经过了好几次的审核了，应该没问题的。于是，就放心交出去了自己手中完成的业务。没想到，在发布的广告中，他弄错了一个电话号码——服务部的电话号码被他们打错了一个。而这在他第一次检查的时候根本就没有注意。结果，就是这么一个小小的错误，给公司导致了一系列的麻烦和损失。他个人也因此受到了不小的处分和罚款。

我们平时最经常说到或听到的一句话就是："我很忙。"是的，在上面的案例中，李伟的确很忙，时间紧任务重。可是，忙了大半天却忙的是不正确的事情。这一切，只是由于李伟在第一次审稿的时候，没把错误找出来，没把事情做对。

所以，在"忙"得心力交瘁的时候，我们是否考虑过这种"忙"的必要性和有效性呢？整天忙忙碌碌，也要停下脚步检查一下，自己是否是有为的，是否在做着像李伟一样，费力不讨好的工作呢？假如在第一次审核样稿的时候李伟稍微认真一点，就不会造成如此重大的损失。由此可见，第一次没做好，不仅浪费了时间，更花费了一些本不该付出的冤枉债。

如果第一次没把事情做对，忙着改错，改错中也很容易忙出新的错误，恶性循环的死结就越缠越紧。这些错误往往不仅让自己忙，还会放大到让很多人跟着你忙，造成整个团队工作效率的低下。

所以，盲目的忙乱毫无价值，必须终止。再忙，我们也要在必要的时候停下来思考一下，用脑子使巧劲解决问题，而不是盲目地拼体力交差，第一次就把事情做好，把该做的工作做到位，这正是解决"忙症"的要诀。

"千里之堤，溃于蚁穴。"每个人第一次都发现了问题，如果没有采取行动，就会酿成不可估量的损失。再小的问题，如果不在第一次就有效地解决，它会像滚雪球一样不断加剧，直至演化到不可收拾的地步。同样，在现实工作中，失败常常是因为许多个第一次残留的错误积累酿成的。

我们工作的目的是忙着创造价值，而不是忙着制造错误或改正错误。只要在工作完工之前想一想出错后带给自己和公司的麻烦，想一想出错后造成的损失，就应该能够理解"第一次就把事情完全做对"这句话的分量。同时，在效率为上的社会，第一次就把事情做对是企业赢得竞争胜利的不二法宝，也是个人迈向成功的关键。

越简单，越高效

现代社会，工作步调日趋复杂与紧凑，很多时候都将原本的简单问题复杂化了，这时，"保持简单"是最好的应对原则。

"简单"来自清楚的目标与方向，知道自己该做哪些事、不该做哪些事。工作中无所适从的时候，选择简单之法不失为聪明之举。

当年，迪士尼乐园经过三年施工，即将开放，可路径设计仍无完美方案。一次，总设计师格罗培斯驱车经过法国一个葡萄产区，一路上看到不少园主在路旁卖葡萄少人问津，山谷前的一个葡萄园却顾客盈门。原来，那是一个无人看管的葡萄园，顾客只要向园主老太付 5 法郎，就可随意采摘一篮葡萄。该园主让人自由选择的方法，赢得了众多顾客的青睐。

大师深受启发，他让人在迪士尼乐园撒下草种，不久，整个乐园的空地就被青草覆盖。在迪士尼乐园提前开放的半年里，人们将草地踩出许多小径，这些小径优雅而自然。后来，格罗培斯让人按这些踩出的路径铺设了人行道。结果，迪士尼乐园的路径设计被评为世界最佳设计。

我们在做任何事情的时候，如果感到走投无路，纷繁杂乱，不如把事情简单化，从最简单的地方入手。因为想得太复杂，就会有太多的顾虑，这样反而会让我们走弯路，事情的结果也会和我们希望的相反。

"奥卡姆剃刀"就是简单思维的一个重要原则，它是由出生在英国奥卡姆的威廉提出的。根据"奥卡姆剃刀"这一原则，对任何事物准确的解释通常是那种"最简单的"，而不是那种"最复杂的"，这就像电脑无法启动，我们需要的是先看看是不是电源没有接好，而不是将电脑主机拆开检查是否是某个硬件坏了。

"奥卡姆剃刀"的原则看起来很通俗，但是很切合实际。现实中，我们很多人自以为掌握了丰富的知识，所以遇事往往容易往复杂处想，这样一来，我们的思路就会变得复杂。其实，很多时候，往往是简单的思路产生了绝妙的点子。

从方法论角度出发，"奥卡姆剃刀"就是舍弃一切复杂的表象，直指问题的本质。可惜，当今有不少人，往往自以为掌握了许多知识，喜欢将一件事情往复杂处想。

一家著名的日用品公司换了一条全新的包装流水线，但是之后却连连收到用户的投诉，抱怨买来的香皂盒子里是空的，没有香皂。这立刻引起了这家公司的注意，并立即着手解决这个问题。一开始公司准备在装配线一头用人工检查，但因为效率低而且不保险而被否定了。这可难住了管理者，怎么办？不久，一个由自动化、机械、机电一体化等专业的博士组成的专业小组来解决这个问题，没多久他们在装配线的头上开发了全自动的X光透射检查线，透射检查所有的装配线尽头等待装箱的香皂盒，如果有空的就用机械臂取走。这时，同样的问题发生在另一家小公司。老板吩咐流水线上小工务必想出对策解决问题。小工申请买了一台强力工业用的电扇，放在装配线的头上去吹每个肥皂盒，被吹走的便是没放肥皂的空盒。

同样的问题，一个花了大力气、大本钱研究了X透视装备，一个却用简单的电风扇吹走空的肥皂盒，不同的方法一样解决问题。或许有人认为小工想到的用风扇吹走空肥皂盒的方法太简单，太没有技术含量，但是，它达到了目的，解决了问题，这就足够了。

在工作中，没有人不希望最快、最有效地解决问题。但有的人能做到，有的人却做不到。这其中原因有很多，有时候正是因为我们把问题想得太复杂，所以使得解决方法无处可寻。当我们的思路又开始变得复杂时，应该时刻提醒自己：该拿起奥卡姆剃刀了，剪掉那些纷杂的思绪。

世界是复杂的，但也是简单的，只是我们常常被自己的习惯性思维禁锢，从而把简单的事情弄复杂了。如何将复杂的事情回归于简单，根除工作的"复杂病"，是每一个人都需要思考的问题。

切忌"眉毛胡子一把抓"

美国钢铁大王卡内基曾经非常忙，总觉得时间不够用，为此，他十分忧虑。后来，他找到管理大师杜拉克请教解决的办法。

杜拉克思考了一下，说："这样吧，你每天上班的前 5 分钟，把你想做的事情写下来，标题叫'今日主要事项'，然后按照重要性顺序排列。所谓重要性是根据你对目标的理解来定，最重要的事情放在第一位，第二重要的事放在第二位，依次排列。然后你开始做第一件事，在完成第一件事之前，不再做其他任何事情，如果有一项工作要做一整天也没关系，只要它是最重要的工作，就坚持做下去。请把这种方法作为每个工作日的习惯做法。你自己这样做之后，让你公司的员工也这样做。"

卡内基依照杜拉克先生的建议去做，每天如此，经过一段时间，他的工作安排得井井有条，而且效率极高。5 年后，他成为全美的钢铁大王。于是，他为杜拉克的 5 分钟建议签了一张 2.5 万美元的支票。

杜拉克的方法告诉我们，做任何事情都要有计划，分清轻重缓急，然后全力以赴地行动，这样才能成功。

在安排计划的优先顺序时，有一种简单的"ABCD法"非常实用。所谓"ABCD法"，是根据自己的目标，将计划中最为重要的事情归于A类，这类事情如果没有完成，后果非常严重；其次的事情归于B类，它们需要你去做，但如果没有完成，后果不会太严重；把那些做了更好、不做也行的事情，做或不做的都不会有任何不好的事情归于C类；把可以交给别人去完成，或完全可以取消、做不做没有差别的事情归为D类。

经这样的分类后，处理事情时，就免去考虑应该先做什么事情的时间。只要看一看计划表，就能够很快地知道自己该进行哪一项工作了。为了更加有效地进行工作，在A类的各项计划中，还可以再进行细分，用"A—1""A—2""A—3"等来标示其顺序。这样一来，即使在时间紧迫的情况下，你也可以很快找到自己应该着手进行的事项。

成功应用"ABCD法"的关键，是你必须要严格自律，每天一定将工作清单根据上述分类法加以清楚标示，接着从A—1工作开始做起，一次只专心做一件事。

100%完成A—1事项后，再依序完成其他事项，尽快授权或外包D类事项，可以取消的话就立刻取消。

养成用"ABCD法"做计划并切实执行的好习惯，会使你每天的工作生活变得有组织、有秩序，可以帮助你完全掌控时间，掌握工作的重点与节奏。

战胜分心：提高专注力的有效方法

专注力的重要性不言而喻。提高注意力的方法有很多，以下是提升专注力的 10 个有效方法：

1. 设定界限

事先就想清楚你将会花多长时间去完成某事。给自己设定界限就是告诫自己的大脑要专注，因为自己的时间是有限的。

2. 优先去做最重要的事

为了让自己能更好地专注而设定几条规则。比如，"假如我没有写完 500 字，我就不会去查收电邮"，这样做很有效，这是在划分待办事项的优先级别，同时还在提醒自己先做完最重要的事。

3. 静音

这也许并不对所有人都适用。而有的人对声音很敏感，而且很容易被不经意间的声响干扰。解决办法就是戴上降噪耳机，让周围的一切都静音。

4. 排除干扰

将你杂乱无章的办公桌清理干净。关闭浏览器，关闭各种语音通知，关闭手机。为了专注于手头的工作，你甚至可以暂时性地将网线拔掉。

5. 动机

明确你办事的动机会有助于加强你的专注力，并且能让你完成任务。你要知道你为什么要去专注于某事，而且要清楚如果你不专注于此事会有什么样的后果。

你知道吗？我们对于避免痛苦的倾向要强于追求快乐。所以当你无法让自己着手去做某事的时候，想想自己因此而体验到的痛苦将会有助于你去付诸行动。这有点像是逼迫你必须专注。

6. 一次只做一件事

选定了一件要做的事后，就要专注。任何时候，你都要问自己："在我的清单中哪件事是最重要的？"然后选择一件事并保证："我会在未来的三天内（或者直到完成它）专注于这件事，如果没有完成这件事的话，那么任何其他的事我一件也不做。"

7. 迅速进入能让你进入状态的"仪式"

拿写作来说，它对专注的要求相当高。当你给自己充一杯咖啡，然后坐在电脑前，打开一个新的 Word 文档，此时你就进入状态了！

8. 花点时间去适应

假如你感到不知所措和心烦意乱，那么最好的做法就是花点时间去自省。自省是非常重要的，那样你才能和你自己交流并倾听你内在的智慧。

当你独处并在有效地学习、充电、反省，你会有所领悟，你还会学会专注。

第七章

最强执行，唯有行动能终结拖延

如今，拖延症已经成为年轻人的时代病。患有拖延症的人，往往在能够预料到后果有害的情况下，仍然把计划要做的事情往后推迟。虽然这不算什么生理上的病症，不过很多人却为此苦恼，因为大多数人都是在不知不觉中，就掉进了拖延症的旋涡。那么，你是否已经罹患了拖延症？你是否在拖延中感受内心纠结？你是否已经成为重度的拖延症患者？……

重拾行动力，克服拖延症

你打算什么时候开始完成手头上的项目？你在等什么，是在等待别人的帮助还是等待问题消失？明明已经有了计划，但不能付诸执行，问题仍在等着你，而那些同时起步的人已经解决了问题，开始了下一步计划。

不拖延的人都是具有高效执行力的人，他们会想尽办法尽快完成任务。"最理想的状态是任务在昨天完成。"对于应该尽快完成的事，要在第一时间内进行处理，争取让工作早点瓜熟蒂落，让自己放心。

千万不要把昨天就能完成的工作拖延到今天，把今天就能完成的工作拖延到明天。最好不要等到别人开口，说那句"你什么时候做完那件事"时，才匆忙呈上自己的成绩。

比尔·盖茨说："过去，只有适者能够生存；今天，只有最快处理完事务的人能够生存。"对于一名绝不拖延的行动者来说，"马上就办"是唯一的选择。

李·雷蒙德是工业史上绝顶聪明的 CEO 之一，是洛克菲勒之后最成功的石油公司总裁——他带领埃克森·美孚石油公司继续保持着全球知名公司的美誉。

有一次，李·雷蒙德和他的一位副手到公司各部门巡视工作。到达休斯敦一个区加油站的时候，李·雷蒙德却看见油价告示牌上公布的还是昨天的数字，并没有按照总部指令将每加仑油价下调 5 美分进行公布，他十分恼火。

李·雷蒙德立即让助理找来了加油站的主管约翰逊。远远地望见这位主管，他就指着报价牌大声说道："先生，你大概还熟睡在昨天的梦里吧！因为我们收取的单价比我们公布的单价高出了 5 美分，我们的客户完全可以在休斯敦的很多场合，贬损我们的管理水平，并使我们的公司被传为笑柄。"

意识到问题的严重性，约翰逊连忙说道："是的，我立刻去办。"

看见告示牌上的油价得到更正以后，李·雷蒙德面带微笑说：

"如果我告诉你，你腰间的皮带断了，而你却不立刻去更换它或者修理它，那么，当众出丑的只有你自己。"

也许加油站的主管约翰逊认为，当天的油价只要在当天换也来得及。但是商业环境的竞争节奏正在以令人眩目的速率快速运转着，我们所应该做的应该是"绝不拖延"。

以最快的反应速度去开始一项工作是保持恒久竞争力不可缺少的因素，也是唯一不会过时的职场本领。在人才竞争激烈的公司里，要让自己保持稳定甚至常胜的优势，就必须奉行"绝不拖延"的工作理念。

世界上有90％的人都因拖延而一事无成。不提出任何问题，不表示任何困难，以最快的时间，用最好的质量，马上就办，这才是最优秀的人。

让"快速行动"成为一种习惯

日本著名企业家盛田昭夫说："我们慢，不是因为我们不快，而是因为对手更快。如果你每天落后别人半步，一年后就是一百八十三步，十年后即十万八千里。"

我们不仅仅需要不拖延，还需要比以别人更快的速度去行动。

曾担任过《大英百科全书》美国分册主编的沃尔特·皮特金在好莱坞工作时，一位年轻的支持者向他提出了一项大胆的建设性方案。在场的人全被吸引住了，它显然值得考虑，不过他可以从容考虑，然后与别人讨论，最后再决定如何去做。但是，当其他人正在琢磨这个方案时，皮特金突然把手伸向电话并立即开始向华尔街拍电报，用电文热烈地陈述了这个方案。当然，拍这么长的电报费用不菲，但它转达了皮特金的信念。

出乎意料的是，1000万美元的电影投资立项就因为这个电文而拍板签约。假如他拖延行动，这项方案极可能就在他小心翼翼的漫谈中流产（至少会失去它最初的光泽），然而皮特金立刻付诸了行动。

无论是公司还是个人，没有在关键时刻及时做出决定或行动，而让事情拖延下去，会给自身带来严重的伤害。

商机如战机，随时都可能消失，只有立即行动的人才能把握一切。拖延像一颗职场毒瘤，需要马上切除，优秀的人永远是从现在开始行动，不把任何事情拖延到下一分钟。赶快鞭策自己摆脱"等一分钟"的桎梏，以比别人更快的速度去行动，才能挟制"等待下一分钟"的"第三只手"，把你从拖延的陷阱中拯救出来。

生活中，我们总对自己说，明天我要如何如何。工作中也是如此，很多员工对自己过分宽容，习惯用"今天来不及了，等明天再开始做吧"来拖延。其实明天也许永远不可能到来，每天都是今天，为什么不把起点设在今天呢？

安妮是大学里艺术团的歌剧演员。她有一个梦想：大学毕业后，要在纽约百老汇成为一名优秀的主角。安妮与老师谈起这个梦想，老师鼓励她说："你今天去百老汇跟毕业后去有什么差别？"于是，安妮决定下学期就去百老汇闯荡。

老师却紧追不舍："你下学期去跟今天去，有什么不一样？"安妮情不自禁地说："好，给我一个星期的时间准备一下，我就出发。"老师步步进逼："所有的生活用品在百老汇都能买到，你一个星期以后去和今天去有什么差别？"

安妮终于说："好，我明天就去。"老师赞许地点点头。第二天，安妮就飞赴全世界巅峰的艺术殿堂——美国百老汇。当时，百老汇的某制片人正在酝酿一部剧目，几百名来自世界各地的人去应征主角。按当时的应聘步骤，是先挑出10个左右的候选人，然后，让他们每人按剧本的要求演绎一段主角的对白。这意味着每一名应征者要经过两轮百里挑一的艰苦角逐才能胜出。

安妮到了纽约后，费尽周折从一个化妆师手里要到了将要排演的剧本。这以后的两天中，安妮闭门苦读，悄悄演练。正式面试那天，安妮是第48个出场的。当她粲然一笑，制片人看到面前的这个姑娘感情如此真挚，表演如此惟妙惟肖时，他惊呆了！他马上通知工作人员结束面试，主角非安妮莫属。就这样，安妮来到纽约的几天时间就顺利地进入百老汇，穿上了人生中的第一双红舞鞋。

很多时候，你若立即进入主题，会惊讶地发现，浪费在万事俱备上的时间和潜力会让你懊悔不已。而且，许多事情若立即动手去做，就会感到快乐、有趣，加大成功概率。

拖延常常是少数人逃避现实、自欺欺人的表现。然而，无论你是否在拖延时间，自己的事情都必须由自己去完成。通过暂时逃避现实，从暂时的遗忘中获得片刻的轻松，这并不是根本的解决之道。

当然，以更快的速度去行动不一定能获得最终的成功，但迟疑不决注定不能将事情做成。我们应该记住这一点。

设立明确的"完成期限"

很多人都有这样的经验：如果上级在星期一布置了工作任务，要求在星期五之前交上来，同时强调最好是尽快完成，很多人从星期二到星期四几乎很难安下心来把任务完成并主动交上，总是在星期四晚上或星期五早上的时候才匆匆把任务赶完。同时在看似无所事事的前三天里，他们的内心一直备受煎熬——每天都在告诉自己：该行动了，时间不多了！可是，他们就是无法进入状态，同时又不断谴责自己没有效率，始终被负罪感包围着。如果上级布置工作任务时要求星期三之前交上来，即使不强调最好尽快完成，那么你也会在星期三之前把任务完成。这就是心理学中著名的"最后通牒效应"。

心理学家做过这样一个实验：让一个班的小学生阅读一篇课文。实验的第一阶段，没有规定时间，让他们自由阅读，结果全班平均用了8分钟才阅读完；第二阶段，规定他们必须在5分钟内读完，结果他们用了不到5分钟的时间就读完了。

对于不需要马上完成的任务，人们往往是在最后期限即将到来时才努力完成的情形，称为"最后通牒效应"。

心理学上的"最后通牒效应"说明了最后期限的设定是越提前越好。这种心理效应反映了人类心理的某种拖拉倾向，即人们在从事一些活动时，当时间宽裕的时候，总感觉能拖就拖，但不能拖的情况下——例如当不允许准备的时候，或者已经到了规定的时间，人们基本上也能够完成任务。当给自己规定完成目标的最后期限时，我们应该尽量把最后期限往前赶，否则过于宽松的最后期限很多时候起不到提高我们工作效率的作用。

在工作中我们应当善于为自己设定"最后期限"，任何事情如果没有时间限定，就如同开了一张空头支票。只有懂得用时间给自己施加压力才能保证准时完成任务。

要做到不拖延，最好制定自己每日的工作时间进度表，记下事情，定下期限。否则，下面的困境就很有可能发生在你身上。

曹睿是某公司的一个部门主管，他平时工作总喜欢把"不着急，还有时间""明天再说吧"这些话放在嘴边。这一次老板要去国外公干，并且要在一个国际性的商务会议上发表演说。曹睿负责一些资料的收集和整理。刚接到这个任务时，曹睿并没有着急，他想收集资料是很简单的，又不像写东西那么复杂，就一直没给自己设定完成的最后期限。

直到老板要出发的前一天，所有的主管都来送行，有人问曹睿："你负责的资料整理好了吗？"

曹睿感觉很轻松地说："不用那么着急，老板要坐好长时间的飞机，反正这段时间是空闲的，资料要等到下飞机才用，我在飞机上做就是了。"

过了一会儿，老板来了，第一件事就是问曹睿："你负责整理的资料和数据呢？"曹睿按照他的想法又跟老板说了一遍。老板听了他的回答，脸色大变："怎么会这样？我已经计划好了，利用在飞机上的时间，和同行的顾问按照这些资料研究一下这次的议题，不能白白浪费这么好的时间啊！"

听到老板的话，曹睿脸色一片惨白。

总是将"明天再说吧"挂在口头上的曹睿，由于没有设定完成目标的最后期限，失足在了一份简单的工作任务上。

任何事都必须受到时间的限制。为自己的事情设定最后期限，这会让我们行动起来以按时完成各项工作，并且激发我们自身的能动性。反之，没有时限的目标，会让人不自觉地拖延起来，让目标的实现之日变得遥遥无期。

如果没有时间的限定，不懂得为目标设定最后期限，那么就埋下了拖延的种子。只有善于给目标设定最后期限，懂得用时间给自己适当施加压力，才有助于自己以最快的速度行动起来。

别再等"下一分钟"

每个人都或多或少地有过拖延的经历。拖延的表现形式也多种多样，其轻重也有所不同。比如，琐事缠身，无法将精力集中到工作之中，只有被上司逼着才向前走，不愿意自己立即开始行动；如果有着极端的完美主义倾向，又会反复修改计划，该实施的行动被无休止的"完善"所拖延，预期的期限大大延后。

时间长了，我们也会视这种恶习为平常之事，以至于漠视它的危害，放纵了它的存在。然而，千里之堤溃于蚁穴。小小的耽搁常常会给我们的工作带来巨大的损失。

李响才能出众，不过他也有自己的一大缺陷：太过于瞻前顾后。有一次，他代表公司去参加一个重大的会议，这是他第一次代表公司参加如此重要的会议，他要代表公司和会议各方谈判达成共识，签订协议。会议进行到了各个代表可以自由发言的阶段，李响在脑袋中前思后想：还是不要当第一个发言的人，这样太唐突，容易说错很多话，也容易紧张，我等着下一个人发言完再说吧。

第一个代表发表完意见，李响犹豫了一下，马上又有第二个人开始发言了。李响想：看看也好，多看几个人我才能说得全面。

第二个人说完，又有第三个人。李响还是没有发言的欲望，总想着，下一个人说完我再说吧。

就这样很多代表都发表了意见，李响还是拖着迟迟不表态。这时大会的主办方说："既然这么多代表都达成了一致，那么我们就按大家的意思签订协议吧！剩下的这位代表有异议吗？"

这下李响愣了，原来自己是最后一个了，可是自己还没发表公司的意见呢！如果这么就签订协议，那么自己公司要吃亏了！这可怎么办，可是碍于面子，自己也不好意思再说了，于是就只是敷衍着"没意见，没意见"。

李响回到公司，老板听到这个结果非常震惊和愤怒。

像李响这样的人有很多，由于拖延没有在关键时刻及时做出决定或行动，导致自己没有完成任务。这不仅丧失了机遇，更让自己陷于无行动力的低效泥潭里。

　　等待"下一分钟"再行动的心理是拖延的温床。不少人做事总喜欢等到所有的条件都具备了再行动，殊不知，立即行动起来也可以为自己创造有利条件。只要做起来，哪怕很小的事，哪怕只做了五分钟，也是一个好的开端，就能带动我们着手做好更多的事情。

　　拖延的人总想着："唉，这件事情很烦人，还有其他的事等着做，先做其他的事情吧。"的确，立即行动有时很难，尤其在面临一件很不愉快的事情时，因为你常常有一种不知从何下手的困惑。但不能因此而选择拖延作为你逃避的方式。

　　避免拖延的最好方法就是"现在就做"。面对空白的纸和计算机屏幕很具有挑战性，开始是最困难的工作，但却必须开始。接到新的工作任务，就立即切实地行动起来。诸如"再等一会儿""明天开始做"这样的语言或者这种心理意念，一刻也不能在我们的心里存在。

　　马上列出自己的行动计划，从现在就开始，立即去做自己一直在拖延的工作。当自己真正开始接触工作的时候，就会发现，原本的拖延时间毫无必要，而且还可能会喜欢上自己曾经一拖再拖的事情。

　　歌德说得好："只有投入，思想才能燃烧。一旦开始，完成在即。"任何时刻，当你感到拖延的恶习正悄悄地向你靠近，当你感觉到它正威胁着你的工作状态时，你需要做的是：在此刻就动起来。

从现在开始，做最重要的事

生活中有很多人，总为一些不值得的事忙个不停。表面上看来，他们总是拼命工作，从来不浪费一秒钟的时间。每天，除了把大量的时间用在本职工作上，还负责很多其他方面的事务，时间长了，自己的工作效率低下不说，身心都很疲惫。他们似乎从来就不去判断，什么事情是值得去做的，什么事情是不值得的。

做不值得做的事，会让你误以为自己在完成某些事情。你耗费了大量时间和精力，得到的可能仅仅是一丝自我安慰和虚幻的满足感。当梦醒后，你会发现该做的事一件都没有做，而自己却已经疲惫不堪。不要受不重要的人和事过多的干扰，因为成功的秘诀就是凡事做到高效率完成。一流的人做一流的事，不该做或不值得做的事，千万别去做，无论感情上再怎样难以割舍，也不要虚耗自己的生命。

很多时候，我们明知道一件事不值得还去做，这时我们通常不会尽自己的全力去做。这种情况下，即使我们做了也不会有什么好的结局。事实上，马虎和敷衍大多数情况都是因为我们知道自己做的事不值得。如果知道一件事不值得自己去做还是不能放弃，那就是在浪费时间和资源。与其这样，还不如把时间放在自己认为值得去做的事情上。

做事，就要首先集中精力做最重要的事，不被琐事缠身。如果认定一件事是不重要不紧急的，我们就应该果断地暂时放弃，清醒的放弃胜过盲目的坚持。

美国著名剧作家尼尔·西蒙和惠普的第一位女总裁卡莉·费奥瑞纳，都是善于判断"不值得做的事"，从而走向了事业的成功的人。

美国著名剧作家尼尔·西蒙在决定是否将一个构想写成剧本前会问自己："如果我要写个剧本，将故事讲述得引人入胜，而且能将剧本中的角色塑造得栩栩如生，这个剧本会有多好呢？……还不错，它会是一个好剧本，但不值得花费一两年的时间。"结果也可能并不理想，而像是鸡肋，没多少味道；或者只是浪费时间的俗套之作罢了。因此，西蒙不会花费精力去写。这就是不做不值得做的事。

卡莉·费奥瑞纳，当还在朗讯科技公司工作时，被《财富》杂志评为年度"美国商业界最有影响力的女性"。众多的猎头公司盯上了她，纷纷以种种诱人的条件，拉她去别的公司发展。她被这些诱惑搅得心烦意乱。她的人生导师——朗讯科技公司的董事长却告诫她说："你必须自己拿主意，要想清楚哪些职务邀请是你愿意考虑的。无论你的目标是什么，都不要浪费时间在不符合你的目标的人身上。"费奥瑞纳认清了自己的人生目标，没有为那些诱惑所动，最后终于成为世界最著名公司——惠普的第一位女总裁。

像尼尔·西蒙和卡莉·费奥瑞纳这样成功的人都懂得：不做不值得的事情，大胆地放弃不值得的东西。懂得运用"不值得定律"，不把时间浪费在不符合目标的人和事身上，不值得的事情不去做，只做好值得的事情，这才是克服拖延的良好习惯。

很多人给人留下了拖延的印象，并不是因为他们工作不积极，而是他们没有果断地舍弃"不值得"的事，使得自己的精力被浪费在了一些自己认为没有意义的事情上。

以"当日事，当日毕"为标准

在我们身边总不乏这样一些人：总是在老板或领导的一次次督促下，拖上十天、半个月才会把工作做完；虽埋头于琐碎的日常事务，却在不经意间遗漏最重要的工作；整天忙忙碌碌，工作质量却无法令人满意；遇到问题虽然想解决，却总是没法在第一时间高效地完成任务。

"当日事，当日毕"可以很容易地解决拖延的问题，它使得"第一时间解决问题"能够深入每天的工作中。

凡是发展快且发展好的世界级公司，都是执行力强的公司，而它们奉行的是"当日事，当日毕"的态度。

比如以某著名家电品牌的售后服务来说，客户对任何员工提出的任何要求，无论是大事，还是"鸡毛蒜皮"的小事，员工必须在客户提出的当天给予答复，与客户就工作细节协商一致。然后毫不走样地按照协商的具体要求办理，办好后必须及时反馈给客户。如果遇到客户抱怨、投诉时，需在第一时间加以解决，自己不能解决时要及时汇报。正是基于这样的不拖延的态度，该家电品牌的市场份额才不断扩大。

"当日事，当日毕"追求的就是效率和结果，而几乎任何地方都迫切地需要那些能够做事不拖延的员工：不是等待别人安排工作，也不是把问题留到上司检查的时候再去做，而是主动去了解自己应该做什么，做好计划，然后全力以赴地去完成。

今天的工作今天必须完成，因为明天还会有新的工作。今天的事情拖到明天，只会让自己更被动，感觉头绪更乱、任务更重。只要在工作中努力去做到"当日事，当日毕"，每天都坚持完成当日的工作，就会发现不仅会按时完成任务，而且心理上会感觉很轻松。

"当日事，当日毕"的目标能促使你抓紧时间、马上进入工作状态，而做到"当日事，当日毕"则是一个小小的成就，会令你在今后的每一天更有信心将当天的工作做完做好并争取第二天做得更好，不断超越自己、追求完美，并终将有所成就。

任何一个懒惰成性、整天把工作留给明天、被上司或者同事推着走的人，这样的人走到哪里都不会受欢迎。我们应当真正以"当日事，当日毕"的标准要求自己，全力以赴地做到，并以"当日事，当日毕"敦促自己不断进步。

下面列举几条做到"当日事，当日毕"的建议：

1.如果时间允许，在行动之前要反复冷静地思考，给自己充分思考解决问题的方法和步骤的时间，保证"一次就把事情做对"，免得越忙越乱造成错误，返工改错又很容易出现新错误，让更多人跟着你忙，造成巨大的人力和物力损失。

2.一旦做好计划，就立即行动，不要等待工作的外部条件十全十美。把握住现在，外界的不利条件可以在工作的过程中被不断改变，如果不能如愿你只需要根据实际情况调整工作计划。

3.不要浪费时间。今天应该干的工作绝不拖到明天，敦促自己在工作的过程中全力以赴、珍惜时间。

不论心情好坏，每天早上都要将思想清零，从零开始有规律地持续工作。

不要仅仅满足于做完工作，还要对自己提出在每天的工作中都要"进步一点点"的要求，并努力去达到。虽然达到自己"每天进步一点点"的要求可能要付出很多努力，但这会让你的自信心和工作能力不断得到增强，今后做事就能相对轻松一些。

训练：

培养立即行动的习惯

不要给自己留退路，说什么"以后还有机会""时间还比较充裕"。在制订好计划以后你就没有了后路，唯一的选择就是立即行动。

立即行动的习惯，也就是立即把思想付诸行动的习惯，这对完成事情来说是必不可少的。这里有七个方法能让你培养立即行动的习惯。

1.不要等到条件都完美了才开始行动

如果你想等条件都完美了才开始行动，那很可能你永远都不会开始。因为总是会有些事情不是那么好。或是错过时机，行情不好；或是竞争太激烈。现实世界中没有完美的开始时间。你必须在问题出现的时候就行动起来并把它们处理好。开始行动的最佳时间就是：现在。

2.做一个实干家

要实践，而不要只是空想。你想开始实践吗？你有没有好的创意？今天就行动起来吧。一个没被付诸行动的想法在你的脑子里停留得越久越会变弱。过些天后其细节就会随之变得模糊起来。几星期后你就会把它给全忘了。在成为一个实干家的同时，你可以实现更多的想法，并在其过程中产生更多新的想法。

3.记住，想法本身不能带来成功

想法是很重要，但是它只有在被执行后才有价值。一个被付诸行动的普通想法，要比一打被你放着"改天再说"或"等待好时机"的好想法来得更有价值。如果你有一个觉得真的很不错的想法，那就为它做点什么吧。如果你不行动起来，那么这个想法永远不会被实现。

4.用行动来克服恐惧、担心

行动是治疗恐惧的最佳方法。万事开头难。一旦行动起来，你就会建立起自信，事情也会变得简单。通过行动来克服恐惧，你会建立自信。

5.机械地发动你的创造力

人们对创造性工作最大的误解之一就是认为只有灵感来了才能工作。如果你想等灵感给你一记耳光，那么你能工作的时间就会很少。与其等待，不如机械地发动你的创造力马达。如果你需要写点东西，那么强制自己坐下来写。落笔，灵机一动，乱涂乱画，通过移动双手来刺激思绪，激发灵感。

6.先顾眼前

把注意力集中在你目前可以做的事情上。不要烦恼上星期理应做什么，也不要烦恼明天可能会做什么。你可以左右的时间只有现在。如果你过多思考过去或将来，那么你将一事无成。

7.立即切入正题

如果你不避开这些让人分心的事情来开始谈正事，那它们会花掉你很多时间。一旦开始谈正事，那就会变得更有创造力。

第八章

目标明确，别在瞎忙中浪费时间

jieleba
tuoyanzheng

如果说生命是一场旅行，那么目标则是指引方向的灯塔。一旦心中有了明确目标，前行的过程就不会迷失方向，指引着自己不断前行。习惯拖延的人，缺少的往往就是一个坚定的目标，所以才会不明方向，敷衍面对生活。

　　克服拖延症，就要找寻到自己的目标，这是一股神奇的力量，它能指引着我们持续前行，而非浑浑噩噩地度日。

有什么样的目标，就有什么样的人生

　　若要建成大厦，必先绘制蓝图。拥有明确的目标将会给我们的行动计划、忙碌的方向带来指导作用，从某种意义上来说，有什么样的目标，就有什么样的人生。

　　一个人想要获得成功，只有明确了正确的方向，以后的努力才能加速目标的实现。方向不对，再努力、再辛苦，你也很难成功。

　　亚里士多德说过："明白自己一生在追求什么目标非常重要，因为那就像弓箭手瞄准箭靶，我们会更有机会得到自己想要的东西。"方向是一个人行动的指南针。有方向的人是在为美好的结果而努力，没目标的人只会在原地拖延，浪费自己的生命。任何一个优秀的人绝不会在盲目中拖延自己的人生，他们总会在行动之前就为自己设定了努力的方向。

马克思说过，目标始终如一是他的性格特征。这种性格特征决定了他坚定的政治信仰，顽强执着追求，不动摇、不气馁、不妥协，为全人类留下了宝贵的精神财富。树立自己的奋斗目标并坚持始终，也应该成为我们的坚毅性格。

随着《哈利·波特》风靡全球，它的作者罗琳成了英国最富有的女人，她所拥有的财富甚至比英国女王还要多。但是人们可能并不知晓她曾经的窘迫。

罗琳从小就热爱英国文学，热爱写作和讲故事，写一部科幻类著作一直是自己的奋斗目标。大学毕业后，她只身前往葡萄牙发展，随即和当地的一位记者坠入情网，并结婚。无奈的是，这段婚姻来得快去得也快。婚后不久，罗琳便带着3个月大的女儿杰西卡回到了英国，栖身于爱丁堡一间没有暖气的小公寓里。

丈夫离她而去，工作没有了，居无定所，身无分文，再加上嗷嗷待哺的女儿，罗琳一下子变得穷困潦倒。她不得不靠救济金生活，经常是女儿吃饱了，她还饿着肚子。家庭和事业的失败，并没有打消罗琳写作的积极性，她坚持写作。有时为了省钱省电，她甚至待在咖啡馆里写上一天。

就是在这样艰苦的环境中，罗琳没有放弃，仍然以积极的心态去写作。就这样，在女儿的哭叫声中，她的第一本《哈利·波特》诞生了，并创造了出版界奇迹，她的作品被翻译成 35 种语言在 115 个国家和地区发行，引起了全世界的轰动。

罗琳从来没有远离过自己的努力方向，即使她的生活艰难，她也坚信有一天，她必定会实现自己的目标。她的经历告诉我们，只有时刻牢记自己的奋斗方向，我们才能更容易走向成功。

在实现梦想的道路上，方向是前进路上的航标。只要我们找准了行动的方向，就应该努力前行，而不是继续深陷于拖延的泥沼中。因此，在接到任务时，在遇到问题时，我们首先做的就是设法弄清楚自己的前进方向，接下来就是不折不扣地沿着方向去努力。

任何活动本身并不能保证成功，并不一定是有利的。是否成功，取决于是否朝向一个正确的方向努力。

没有目标的人不但不能够发展，说不定还会在日益激烈的工作竞争中被淘汰。只有那些能够朝着目标不断努力、不断学习，适应社会需要的人才能够在复杂多变的环境中长久地生存。他们不满自己的现状，总是有更好的追寻目标，正是这个目标让他们拥有了不懈的动力，凭借这样的动力，才能够不断提升自己，全力以赴将工作做到最好，也为改变自己的命运提供了更多的机会。

别瞎忙，有一个明确的目标

美国著名出版家和作家阿尔伯特·哈伯德先生说过，如果你并不想从工作中获得什么，那么你只能在职业生涯的道路上漫无目的地漂流。

没有目标的人就如同没有罗盘在大海中航行的水手，没有指南针在荒野中徒步的探险家。心中有目标的人，眼神坚定地朝着一个方向，无论他们遇到什么挫折或阻碍，都能排除干扰，坚定前行。

比塞尔是西撒哈拉沙漠中的一颗明珠，每年有数以万计的旅游者到这儿游览参观。可是在肯·莱文发现它之前，这里还是一个封闭而落后的地方。这儿的人没有一个走出过大漠，据说不是他们不愿离开这块贫瘠的土地，而是尝试过很多次，却没有一个人走得出去。

肯·莱文当然不相信种说法。他雇了一个比塞尔人，让他带路。他们带了半个月的水，牵了两峰骆驼，10 天过去了，他们走了大约八百英里的路程。第 11 天的早晨，他们果然又回到了比塞尔。这一次肯·莱文终于明白了，比塞尔人之所以走不出大漠，是因为他们根本就不认识北斗星。

在一望无际的沙漠里，一个人如果凭着感觉往前走，不认识北斗星，没有一个目标就想走出沙漠，确实是不可能的。

他告诉他雇用的当地人："只要你白天休息，夜晚朝着北面那颗星走，把它当作你的目标就能走出沙漠。"这个名叫作阿古特尔的当地人照着去做了，三天之后果然来到了大漠的边缘。阿古特尔因此成为比塞尔的开拓者，他的铜像今天还矗立在当地。

阿古特尔按照指导，以北面那颗星为前进方向，最终成为比塞尔的开拓者。其实，这正说明了目标的重要性。目标让我们知道要往哪里去，去追求些什么。否则，就会迷失方向，如同一个人迷失在茫茫的沙漠里。

很多人没有目标意识，抱着无所谓的态度去工作和生活。他们标榜努力工作，勤奋学习，但他们自己却不知道个人的目标，因而他们的行动大部分时候是盲目的，拖延成为他们最好的生活和工作方式。

一个心中有目标的人，是一个会高效执行的人；一个心中没有目标的人，只能是个拖沓的人。一个目标的树立会使人的天赋得到充分的发挥，使心中的激情与梦想喷薄而出，推动着自己马不停蹄地向成功迈进。而缺少目标的人大多数都只能漫无目的地四处游荡，做事拖沓低效，浪费了上天赋予的才华，最终一无所成。

目标是把痛苦转化为快乐的"炼金术"。没有目标的人生之路就像不知道终点的长途旅程，让人的内心充满了焦虑和煎熬，无法专注与高效地完成当下的任务。而如果明确了"旅途"的终点，就可以忍受达到目标之前的那段痛苦期，在困难面前保持斗志，直到战胜它，达到一个新的高点。在目标的带动下，四处游荡的痛苦变成了朝一个方向奔跑的快乐，把迷茫变成了清晰，把压力变为了动力，把拖沓变成了高效。

在行动前就应该限定目标，SMART 法则是最佳的选择。如果运用 SMART 法则来完成计划，科学执行的可能性就大大增加了。为制定科学合理的工作目标，我们介绍一下有关目标管理的

SMART 法则，SMART 由五个英文字母构成。

S—Specific：目标要具体

"做一个勤奋学习的人"不是一个具体的目标。"学习更多管理知识"更具体一些，但是还不够具体。"学习更多人力资源管理知识"又更具体了一些，但是还不够具体。怎样才具体，要加上第二点：M。

M—Measurable：目标要可衡量

目标要可衡量，往往需要有数字，把目标定量化。"读三本人力资源管理的经典著作"就更具体了，因为它有数字，可衡量。

A—Actionable：目标要化为行动

"做一个勤奋学习的人"不是行动，"读三本人力资源管理的经典著作"是行动。但是，实际上"读"还只能算是一个比较模糊的行动。怎样才算读？读了 10 页算不算读？匆匆翻了一遍算不算读？所以，还可以继续细化为更具体、更可衡量的行动，"读三本人力资源管理的经典著作，并就收获和体会写出三篇读书笔记"。

R—Realistic：目标要现实

如果你从来没有读过任何一本管理著作，或者从来没有写过任何一篇读书笔记，那么上面的目标对你不现实。如果你是个刚接触管理知识的基层领导，现实的目标应该是先读三篇人力资源管理的文章。

T—Time-limited：目标要有时间限制

多长时间内读完三本书？根据你的实际情况，可以是三个月，可以是六个月。因此，加上时间限制后，这个目标最后可能变成："在未来三个月内，读三本人力资源管理的经典著作（每月一本），并就收获和体会写出三篇读书笔记（每月一篇）。"

通过 SMART 法则制订具体的工作计划和目标，执行就有了明确的指向。执行过程有了目标的指引，就要下定决心，不要理会前进道路上的障碍和批评，不要受不利环境的影响，不要去考虑别人怎样想、怎样说、怎样做，要专心致志、不懈努力地达成目标。在正确的方向上不断努力，最后才能收获结果。

多个目标 = 没有目标

一个农场主对他新来的帮手汤米说："没有一个目标就去犁地是不行的，你看，你都犁歪了，在这样弯曲的犁沟中，玉米会长得很混乱。你应该让你的眼睛盯住田地那边的某样东西，然后以它为目标，朝它前进。大门旁边的那头奶牛正好对着我们，现在把你的犁插入土地中，然后对准它，你就能犁出一条笔直的犁沟了。"

"好的，先生。"

10 分钟以后，当农场主回来时，他看见犁痕弯弯曲曲地遍布整个田野。

"停住！停在那儿！你是怎么回事！不是告诉你朝着一个目

标吗？"农场主愤怒地问汤米。

"先生，"汤米辩解道，"我绝对是一直按照你告诉我的在做，我以奶牛为目标走去，可是门口有三头奶牛，一头在左边，一头在中间，一头在右边。所以我只能朝着三个方向在犁地。"

故事中的傻帮手汤米让很多人发笑，而在现实生活中，我们也许不知不觉地重演了很多次这个傻帮手的笑话。伊格诺蒂乌斯·劳拉有一句名言："一次做好一件事情的人比同时涉猎多个领域的人要好得多。"有太多的目标，在太多的领域内都付出努力，我们就难免分散精力，最终一事无成。

美国明尼苏达矿业制造公司（3M）的口号是："写出两个以上的目标就等于没有目标。"这句话的智慧不仅体现在公司经营中，也体现在每个人的生活里。多个目标表面上给我们带来了更多选择，给我们留下了所谓的"退路"，实际上却对我们的生活造成混乱。

多个目标让我们无法集中精力。"年轻人事业失败的一个根本原因，就是他们的精力太过分散，有太多的目标，以至于一无所成。"这是戴尔·卡耐基在分析了众多个人事业失败的案例后得出的结论。多个目标看上去能够带给人更多选择，实际上却容易让人迷茫，不知道自己真正要的是什么。

王晓平是北京某高校的一名大四学生。对于一名大四的学生来说，出路无非有这样三条：继续研究生深造、出国留学、就业。大多数学生都选择了这三条路中的一个作为目标，可是王晓平觉得这样太限制自己的发展了，自己应该什么都试试，多定几个目标，朝着每个方向都努力，有了更多的选项才能得到最优的选择。

于是王晓平早上去自习室复习考研，下午去各大招聘网站浏览信息，晚上在宿舍准备出国留学的资料和推荐信。几个月过去了，一切似乎都进展得相当顺利：他争取到了一家知名企业的实习机会，也拿到了一所不错的美国大学的 offer，只是在研究生考试中发挥得不算理想。当别人问到他到底要选择哪个的时候，王晓平却愁眉苦脸地犯了难。

名企的实习很吸引他，美国大学的 offer 也同样充满了诱惑，同时这次研究生考试的失利让他心有不甘，很想再试一次以证明自己的实力。他陷入了纠结，实习和申请留学的期限就要到了，他却还是无法做出决定。眼看着大家都走上了各自的人生轨道，朝着各自的目标奔去，他却还是停留在原地。最终他把两个机会都错过了，别人疑惑地问他原因，他说："我以为有很多个目标能让我有更多选择，然而面对着这些选择，我实在不知道自己真正要的是什么，我害怕选择了一个就会为没选择另一个而后悔。"

表面看上去王晓平是个有目标的人，而且还雄心勃勃地朝着几个目标同时努力。然而最终他使自己陷入了生活的旋涡里，一片迷茫不知道人生的方向。纵然他朝几个目标同时付出了很多努力，结果却同那些没有目标的人相差无几。不知道自己真正要的是什么，纵然有再多的选项，也无法做出真正适合自己的选择。

多个目标会使自己处于低效率状态。那些同时有着很多目标的人把他们的精力消耗在了对选项的比较和取舍上，迟迟做不出选择，随之而来的就是消磨原有工作的热情，做事拖沓低效。

"一个目标"可以使人培养出迅速做决定的习惯，保持工作热情，使得工作效率大大提高。当一个人养成做事只有"一个目标"的习惯后，拖沓低效就可以有效地被避免。

多个目标可能"看上去很美"，却只能让我们的精力分散，导致工作上的低效。多个目标等于没有目标，当你有多个目标时，可以按照目标的重要性对它们进行一个简单的排序，也可以按照目标实现起来的难易程度或者实现时间的长短对它们进行取舍。无论你怎样取舍，最终目的只有一个：把多个目标简化为一个目标，提高工作效率。

把大目标分解成小目标

现实中不乏志向高远的人，他们中的不少人却沦为了空想家。究其原因，往往不是因为难度太大，而是因为他们觉得成功离得太远。那么，那些最终达成目标，取得成功的人士是如何克服这个问题的呢？

新东方学校的创办者俞敏洪认为，人可以通过不断地给自己创造成就感来避免倦怠，保持实现目标的动力，而拥有成就感最直接的方法就是设立阶段性目标。

俞敏洪说："有些人本身没有什么能力，上来就想赚大钱，一点基础都没有就想做大事业，那肯定是不行的，也不会成功的。"

出国留学失败后，俞敏洪以养家糊口为目标。"我当时的目标很简单，就是一天赚 30 块钱，因为我每天上一次课，一次课当时就是 30 块钱。但是当我达到了一天赚 30 块钱的目标后，我就开始想更高的目标，后来我就一天上两次课，一天赚 60 块钱。再后来，我看到别人办培训班，一天能赚 600，我就想是不是我也试试，因为我的能力似乎不比别人差，于是我也开办了自己的培训班。这就是一天一天进步的精神，这就是'蚂蚁搬泰山'的精神。如果一开始就让我创办现在规模的新东方学校，那我会被吓死的。"

分阶段实现目标是一种踏实的精神，更是一种智慧。在人生的旅途中，如果我们稍微具有一点像俞敏洪这样分阶段实现目标的智慧，把大目标分解成若干个小目标去分阶段实现，那么我们的一生中也许会减少许多遗憾和惋惜。

阶段化就是具体化，它使得一个看似遥不可及的目标有了一步步被实现的可能。现实中也许有无数个和俞敏洪一样怀揣着创业梦想的青年，但鲜有和他一样最终取得成功的人。他们中的许多人也许有着比俞敏洪更出色的才能，或者遇到过更好的机遇，但最后他们都失败了。并不是幸运女神不够青睐他们，而是他们缺少把大的目标分阶段实行的能力。

为什么将目标阶段化对目标的实现如此重要呢？

将目标阶段化可以使人对梦想保持持续的热情。人生的道路是一场马拉松长跑而非百米冲刺，想要在终点取胜，仅仅在起点有满腔热情是不够的。暂时的冲动可能让你在比赛的初期占尽先机，但由于道路的漫长，冲动会消退，只凭三分钟热血是无法赢得比赛的。而把大的目标分解成阶段性目标，就如同把马拉松长跑分解成很多一百米赛跑，这样每一个百米终点前的冲刺都能带给人完成目标的满足感、成就感。这种满足感会让你持续地保持兴奋，将暂时的冲动转化为耐力，将漫长的痛苦转化为享受与成长，让你对梦想保持持续的热情。

将目标阶段化可以让目标更为明确具体。成功学家拿破仑·希尔曾举过这样一个例子：

同样是做房地产生意，杰克计划向银行贷款大约 12000 万美元，而罗比则向银行贷款 11939 万美元。

最后，银行贷款给罗比，而拒绝了杰克的贷款请求。

在银行主任看来，罗比的预算具体且考虑很周到，说明罗比办事仔细认真，成功的希望较大。

罗比是怎样做到将预算计划得如此详细呢？罗比介绍了一种将目标逐一击破的方法。利用这种方法，你可以对自己的工作进行规划：

假设你的工作计划为 5 年，让你的 5 年宏伟目标获得成功的秘诀是化整为零，每天做一点能做到的事。

1.将你的目标分成 5 份。你把 5 年目标分成 5 份，变成 5 个一年目标，那你就可以确切地知道从现在到明年的此刻你必须完成的工作了。

2. 将每年的目标分成 12 份。祝贺你，你将进一步有了每月的目标了。如果要落实你的 5 年计划，你现在就更能清楚地了解从现在到下月的此时你应该完成什么了。

3. 将每月的目标分成 4 份。现在你可以知道下星期一早上必须着手做什么了。同时，唯有如此，你才会毫不迟疑地去做自己该做的事，然后，继续进行下一步。

4. 将每周的目标分成 5 ~ 7 份。用哪个数字划分，完全取决于你打算每周用几天从事这项工作。如果喜欢一周工作 7 天，则分成 7 份；如果认为 5 天不错，就分成 5 份。选择哪一种全靠你自己。但是，不论做何种选择，结果都是一成不变的，你一定要问自己："为了成功，我今天必须做什么？"

可见，"分"是一种人生大智慧，它能帮助我们明确实现目标的道路。越大的目标越是难以实现，不仅因为它所需的努力和才智更多，更因为实现它的道路更加曲折，有时甚至让人难以辨认，迷失方向。目标阶段化是最好的解决方法，将大的目标阶段化可以使人对整个过程更加清晰，明确实施过程中所需的环节，按部就班，步步为营，从而到达最终的目的地。

分阶段实现目标使人更具行动力，在工作中能保持高效。外在的行动力源于内在的自信心，当我们对一个目标没有信心时，行动力疲软现象的发生也就不足为奇。很多时候由于目标过大，我们的意识按照当前自己所处的位置去衡量和目标间的距离，会得出"遥不可及"的结论。通过将大目标阶段化，我们与阶段性目标间的距离缩短，我们对目标的实现信心满满，自然干劲十足，保持高效的工作状态。

给目标排排座

给目标排序，就是把全部目标按其重要性大小排序的基础上，根据最重要的目标选出一部分方案，然后根据排第二位的目标，从所选出的这部分方案中再做选择，如此按目标的重要性位次一步一步地选择，直到选择一个最合适的目标方案。

为什么有的人制定的目标科学合理，但是却最终都没有实现，问题可能出在目标管理上。

在一次课上，教授在桌子上放了一个能装水的罐子。然后又从桌子下面拿出一些正好可以从罐口放进罐子里的鹅卵石。当教授把石块放完后问他的学生："你们说这罐子是不是满的？""是!"所有的学生异口同声地回答。

"真的吗？"教授笑着问，然后又从桌底下拿出一袋碎石子，把碎石子从罐口倒下去，摇一摇又加了一些，直至装不进了为止。他再问学生："你们说，这罐子现在是不是满的？"这次学生们不敢回答得太快。

教授又从桌下拿出一袋沙子，慢慢地倒进罐子里，倒完后再问班上的学生："现在你们再告诉我，这个罐子是满的呢？还是没满？""没有满。"全班同学这下学乖了，大家很有信心地回答。

教授从桌底下拿出一大瓶水，把水倒在看起来已经被鹅卵石、小碎石、沙子填满了的罐子中。当这些事都做完之后，教授正色问他班上的同学："我们从上面这些事情中得到了哪些重要的启示？"

教授接着说："我想告诉各位的最重要的信息是，如果你不先将大的'鹅卵石'放进罐子里去，也许你以后永远都没有机会再把它们放进去了。"

一个人要做的事情千头万绪，各种不同的目标也需要自己排序。我们常常面临多目标的选择，多目标选择的难点是各个目标的相对重要性。在选择之前要确定出哪个目标第一重要，哪个目标第二重要，排出一个顺序。

"事有先后，用有缓急。"完成目标也是如此，分清目标的轻重缓急，次序处理好了，不但能够节约工作时间、提高工作效率，最重要的是能有条不紊地完成各项目标。

訓练：

如何制定任务清单

好的钟表行走都十分规律，不快也不慢。有的人做事也是如此，他们做事绝不会急于求成，也不会拖延。他们做事总是有条不紊，不慌不忙，他们做事的时候有条理，有先后，有轻重，有缓急，更是有效率。

有些人认为，做事有条理是一件很容易的事情，只需要每次做事时注意一下就行，其实一个人做事有条理是一种习惯，你会发现一个做事没有条理的人做所有的事情都冒冒失失，他们只是凭着自己的直觉做事，脑海中总是充满了各种各样的事情，分不出先后顺序，混乱一片。

条理化是一个人做事有效率的重要前提。歌德说过："选择时间就等于节省时间，而不合乎时宜的举动则等于乱打空气。"博恩·崔西在《简单管理》一书中也写道："我赞美彻底和有条理的工作方式。一旦在某些事情上投下了心血，带着明确的目的去做事，就可以减少重复，这样就能够大大提高工作效率。"

没有一个有条理的工作秩序，做起事来必定像无头苍蝇一样乱撞，这样，要高效率地工作就是不可能了。试想，如果一个经理一上午要见客户，要处理资料，又要写年度报告，而他又不懂得合理安排自己的工作秩序，于是找个材料就会花半天时间，哪有效率可言。

其实避免这种没有条理的混乱状况在工作中发生的方法很简单，就是制定一份工作的任务清单。

要制定一份合适的任务清单，你应该首先试着在一张纸上毫不遗漏地写出你需要做的工作。凡是自己必须干的工作，且不管它的重要性和顺序怎样，一项也不漏地逐项排列起来。然后你要按这些工作的重要程度重新列表。重新列表时，你应该问自己："如果我只能干此表当中的一项工作，首先应该干哪一件呢？"然后再问自己："接着该干什么呢？"用这种方式一直问到最后一项。这样自然就按着重要性的顺序列出自己的工作一览表。最后，对每一项工作应该怎么做，根据以往的经验，总结出你认为最合理有效的方法。

在具体的任务清单的制定上，清单的内容一般分为三个部分：任务分类、任务安排、任务总结。

任务分类是为了向自己传达一种对待任务的态度。任务可分为四类：必须及时完成的工作；必须完成、但可以稍微拖后的工作；完全没有必要完全的工作；时间允许的情况下最好能够完成的工作。这样，在填写清单的时候，你就可以根据自己的工作内容把自己的任务分门别类。

任务安排有些类似于工作日志，其主要目的就在于帮助自己明确每天的工作内容。

任务总结是指每个星期结束的时候，根据自己的实际任务完成情况填写这部分内容，这样便可以检查自己的工作完成情况。

为了使任务清单可以发挥到最大的作用，让你工作高效而条理化，你不仅要明确工作是什么，还要明确每年、每季度、每月、每日的工作及工作进程，并通过有条理的连续工作，保证高效的工作。

第九章

极限挑战！将时间管理到分分秒秒

jieleba
tuoyanzheng

估计很多人都会深陷于这样的工作状态：计划好的事情一拖再拖，领导安排的任务不到最后一刻不着手准备，每天都疲于应对各种紧急事情……此时，他们的时间管理实际上已变得非常糟糕，这已直接影响了一个人的健康生活。

做不好时间管理，往往就容易患上拖延症，弄得你焦头烂额。在时间面前耍赖，拖延症会变本加厉地折磨你，偷走你精彩的人生，只留下混沌的噩梦。

唯有学会管理时间，细化时间安排，才有可能远离拖延症的梦魇。

时间用在哪里，成就就出在哪里

凡是在事业上有所成就的人，都十分注重时间的价值。他们不会把大量的时间花费在没有价值的事情上。管理好自己的生理节奏，将有限的时间用在刀刃上，可以让我们更好地掌握自己的时间和身体，享受更轻松、更简单的工作和生活。

"你热爱生命吗？那么别浪费时间，因为时间是组成生命的材料。"

"别忘了，时间就是金钱。假设一个人一天的工资是 10 个先令，可是他玩了半天或躺在床上睡了半天觉，即使这期间只花了 6 便士，也不能认为这就是他全部的耗费。他同时还失去了他本应该得到的 5 个先令……千万别忘了，就金钱的本质来说，一定是可以增值的。钱能变更多的钱，并且它的下一代也会有很多的子孙。"

这两段话是美国著名的思想家本杰明·富兰克林的经典名言，它简单直接地告诉了人们这样一个道理：假如你想成功，必须认识到时间的价值。比如下面的两个管理顾问，你可以从他们身上得到启示。

一个是杰克，全公司里除了创立者之外，他是唯一一个不是工作狂的人。没有人知道杰克如何运用时间，也不知道他的工作时数是多少，但他的确逍遥自在。他只参加重要客户的会议，把所有精力拿来思考如何在与重要客户的交易中增加获利，然后再安排用最少人力达成此目的。杰克的手上从未同时有三件以上的急事，通常一次只有一件，其他的则暂时摆在一旁。

另一个是詹森。他的办公室很小，里面还有很多其他同事，是一个非常拥挤且嘈杂的办公室，有人打电话，有人正准备向客户做报告，屋子里到处是声音。

但詹森好比一片平静的绿洲，把注意力全部集中在分内的事上，他在运筹帷幄。有时他会带几位同事到安静的房间内，向他们解释他对每一个人的要求，不只是讲一两遍，而是再三说明，务求交代所有细节。然后，他会要求同事重述一遍他们即将进行的工作。詹森的动作慢，看似毫无生气，但他是非常棒的领导者。他把所有时间都拿来思索哪件工作最具价值，谁是最合适的执行者。然后，紧盯着事情的进度。

重视时间的价值，这是一般成功者都具有的通行证。当然，有时一个待人做事简捷迅速、斩钉截铁的人，也容易引起别人的一些不满，但他们绝对不会把这些不满放在心上。为了要在事业上有所成就，为了要恪守自己的规矩和原则，他们不得不减少与那些和他们的事业没什么关系的人来往。

处在知识日新月异的信息时代，人们常因繁重的工作而紧张忙碌。如果想提高自己的工作效率，让自己忙出效率和业绩，就必须培养自己重视时间价值的习惯。

恰当而合理的时间预算

哈伯德先生在自己的著作中指出，善于为时间立预算、做规划，是管理时间的重要战略，是时间运筹的第一步。你应以明确的目标为轴心，对自己的一生做出规划并排出完成目标的期限。

时间是流动的，它从来不会为了某个人停下自己匆忙的脚步。因此，善于利用时间，做好时间预算，就成为衡量管理者工作水平高低的一把重要标尺。

首先，我们要知道何为时间预算。时间预算是研究社会群体和个人在特定周期内，用于不同目的的各种活动时间分配的一种方法。其内容包括：

何人（或社会群体）从事何种活动（如吃饭、睡觉、工作、娱乐等）；

何时从事该项活动；

从事该项活动时间的长短；

在一定时间周期内（如一天、一周、一个月）从事该项活动的频率和用于不同目的的时间分配；

从事该项活动的时间顺序；

在何处与何人从事该项活动。

时间预算首先要通过定量分析来揭示在一定时间总量中所从事的活动种类及各种活动的连贯性、协同性、普遍性和周期性；同时从质的方面反映个人或社会群体活动的内容、性质和特点。时间预算被广泛应用到城市规划、市政管理、生活方式、企业经营、工程建设等各个方面。进行时间预算多采用问卷法、访问法、观察法、日记法，以及历史比较法和国际比较法来收集数据，并借助指标体系进行测定。

在平时的工作中，我们可以记工作日志，或将完成每件事花的时间记录下来。有的人工作起来似乎一天到晚都很忙，并且常常加班。避免加班的关键在于行程表的拟订。拟订周期行程表是件非常重要的事。尝试拟订行程表，能让自己的工作行程、同事的活动、上司的预定计划、公司的整体动向等事情一目了然。由于自己的工作并非完全孤立，所以必须将它定位在所属部门的目标、公司整体的目标乃至外界环境的变动上，才能保证计划的合理性。只要尝试拟订行程表，原本凌乱不堪的各种预定计划，就会显得条理井然起来。

如果能够拟订行程表，设定进修时间、休闲时间、与家人沟通的时间，自己和家人都将因此取得默契，步调一致。此外，通过与家人的沟通，你不但可以减轻日常生活的紧张压力，而且能够涌现新的活力。需要注意的是，先忧后乐乃是时间计划的基本原则。

把这种个人时间管理模式推荐给家人，可有效避免和家人发生冲突。让我们来看一看如何制定一个具体的周末假日行程表。

首先，所谓周末假日究竟是从什么时候开始，到什么时候结束呢？

一般的看法是从周六早上到周日晚间为止。不过如果想要利用周末假日，充分争取时间进行自我启发的话，这样看是不行的。所谓周末假日是从周五晚间到周一早上为止的时间。如此解释的话，就有将近三天的假期可资运用，无妨将它当作一个整体时段来加以掌握。倘若这种理念成立的话，周五晚间的度过方法就变得十分重要。

周六和周日，还是应该早起。如果失之严苛的话，恐有难以持续之虞，因此不妨稍微放松，比平日晚起一两小时也没关系。

尽可能和家人共用早餐为宜。

其次，要将周六、周日的上午定为主要进修时间，不足的部分排入周六、周日的晚间。周日晚间不排计划只管就寝，周一早上提早起床也就可以做到。

一般而言，周末假日要将工作暂且付诸脑后，好好地调剂身心才是提高工作效率的良方。不过，有件事情非常重要，就是必须为下周一开始的工作预做心理准备。如果等到下周一早上再来定下下周的进修行程表，事实上已经太迟了。本周日晚间才是思考并定下下周行程表的绝佳时机。

由此可知，恰当而合理地进行时间预算，不仅可以为自己赢得与家人在一起的快乐时光，更可以大大地提高我们的工作效率，从容应对一切。

"重要的少数"与"琐碎的多数"

"一分耕耘，一分收获。"一直以来，人们将其奉为圭臬。但很多人会遇到这种情况：为做成一件事，花费了几倍于别人的精力，结果却不尽如人意。"事倍功半"成为我们工作和生活的常态。

如何使耕耘能有收获甚至达到"事半功倍"，每个人都希望找到这样的高效秘诀。其实，高效能人士的确有个法宝，这就是"二八法则"。

1897年，意大利著名经济学家帕累托偶然发现了英国人的财富和收益模式，经过长期研究，最终发现了被后世所称道的著名的"二八法则"。帕累托研究发现，社会上的大部分财富被少数人占有了，而且这一部分人口占总人口的比例与这些人所拥有的财富数量，具有极不平衡的关系。

长期研究后，他从大量的具体事实中归纳出一个简单却让人不可思议的结论：社会上20%的人占有了社会80%的财富。

后来，研究"二八法则"的专家理查德·科克在工作实践中发现：凡是洞悉了二八法则的人，都会从中受益匪浅，有的甚至会因此改变命运。的确，如果你真正理解并正确运用了二八法则，那成功离你并不遥远，触手可及的感觉总会让人具有奋斗的不竭动力。

人们常习惯性地认为：顾客都是上帝，要一视同仁；每一个人都是一颗不可或缺的螺丝钉，发挥着同样的价值作用……但当我们在所有的事物上花费等量的精力时，往往会发现，投入与产出等比的情况并不总会出现，并且大多数时候的结果是"事倍功半"。"二八法则"提醒我们要对那些客观存在的不平衡现象给予足够重视，提醒我们应该打破那些束缚我们的常规认识，从而提高生活和工作效率。

因与果、投入与产出或努力与报酬之间的关系，往往是不平衡的，这是"二八法则"带给我们的启示。二八法则要求人们放弃那些"表现一般或不好"的、只能带来20%产出的80%的投入。我们身边的高效能人士都是懂得运用二八法则的高手。

查尔斯是纽约一家电气分公司的经理。他每天都疲于应付成百份的文件，这还不包括临时得到的诸如海外传真送来的最新商业信息。每天一出电梯，走进办公大楼的时候，他就开始被等在电梯口的职员团团围住，等他走进自己的办公室，已是满头大汗。他经常抱怨说自己要再多一双手、再有一个脑袋就好了。查尔斯看似每天十分忙碌，但是大部分时间都浪费在了一些不必要的签字上了。各部门的职能与权力分配却不十分清晰。

查尔斯有一天终于忍受不住了，他终于醒悟过来了，他把所有的人关在电梯外面和自己的办公室外面，把所有无意义的文件抛出窗外。他让他的属下自己拿主意，不要来烦自己。他给自己的秘书做了硬性规定，所有递交上来的报告必须筛选后再送交，不能超过十份。刚开始，秘书和所有的属下都不习惯。他们已养成了奉命行事的习惯，而今却要自己对许多事拿主意，他们真的有点不知所措。但这种情况没有持续多久，公司开始有条不紊地运转起来，属下的决定是那样的及时和准确无误，公司没有出现差错。相反地，往往经常性的加班现在却取消了，只因为工作效率因真正各司其职而大幅度提高了。查尔斯有了读小说的时间、看报的时间、喝咖啡的时间、进健身房的时间，他感到惬意极了。他现在才真正体会到自己是公司的经理，而不是凡事包揽的老妈子。

查尔斯作为管理者，每天总是"忙碌"，每天 80% 的时间"浪费在了一些不必要的签字上"，当他转变工作方式后，将"无意义的文件抛出了窗外"，将绝大部分精力花在了"不超过十份"的文件上，结果是：他的工作效率大大提高了。这就是二八法则的神奇力量。

二八法则要求分清 "重要的少数"还是"琐碎的多数"，不要沉浸在忙碌中，时间是一种资源，应该将精力集中解决"重要的少数"。二八法则是一项对提高人类效率影响深远的法则，被称为指导职业获利和人生幸福的"圣经"，适用于任何渴望提高工作效率、创造最高财富利润的个人。

如果想取得人生的辉煌和事业的成就，就必须遵守二八法则：

抓住重点，而非全程参与；

学会用最少的努力去控制生活；

选择性地寻找，不要巨细无遗地观察；

做一件事情就要做好，不要事事都追求有好表现；

让别人来负责一些事务，不必事必躬亲；

只做最能胜任的、最能从中得到乐趣的事；

锁定少数，不必苦苦追求所有机会；

可见，二八法则不仅反映了宇宙中客观存在的不平衡性，更浓缩了一种时间管理智慧。相信所有人都不愿沦落为"老妈子"的角色，都希望能够从容地做好自己的工作，二八法则为所有人提供了这样的捷径。

盘活那些零碎时间

珍惜时间的人，无论何时，总是能从任何时刻挤出时间来。而这些挤出来的时间，就是我们常常忽略的零碎的时间。

所谓零碎时间，是指不构成连续的时间或一个事务与另一事务衔接时的空余时间。这样的时间往往被不少人们毫不在乎地忽略掉。而高效能人士却善于将零碎的时间有机地运用起来，从而最大限度地提高工作效率。比如在车上时，在等待地铁时，可用于学习，用于思考，用于简短地计划下一个行动，等等。充分利用零碎时间，短期内也许没有什么明显的感觉，但经年累月，将会有惊人的成效。

"世界上真不知有多少可以建功立业的人，只因为把难得的时间轻轻放过而默默无闻。"本杰明·富兰克林发出如此的感叹是有深刻原因的。实践证明，用"分"来计算时间的人，比用"时"来计算时间的人，时间多 59 倍。

美国近代诗人、小说家和出色的钢琴家艾里斯顿，他那善于利用零散时间的方法和体会值得我们借鉴。他曾这样写道：

当时我大约只有 14 岁，年幼疏忽，对于爱德华先生那天告诉我的一个真理，未加注意，但后来回想起来真是至理名言，从那以后我就得到了不可限量的益处。

爱德华是我的钢琴教师。有一天，他给我教课的时候，忽然问我："每天要练习多少时间钢琴？"我说大约每天三四小时。

"你每次练习，时间都很长吗？是不是有个把钟头的时间？"

"我想这样才好。"

"不，不要这样！"他说，"你将来长大以后，每天不会有长时间的空闲的。你可以养成习惯，一有空闲就几分钟几分钟地练习。比如在你上学以前，或在午饭以后，或在工作的休息余闲，五分钟、五分钟地去练习。把小的练习时间分散在一天里面，这样弹钢琴就成了你日常生活中的一部分了。"

当我在哥伦比亚大学教书的时候，我想兼职从事创作。可是上课、看卷子、开会等事情把我白天、晚上的时间完全占满了。差不多有两个年头我一字不曾动笔，我的借口是没有时间。后来才想起了爱德华先生告诉我的话。到了下一个星期，我就把他的话实践起来。只要有五分钟左右的空闲时间我就坐下来写作一百字或短短的几行。

出人意料，在那个星期的最后，我竟积有相当的稿子准备做修改。

后来我用同样积少成多的方法，创作长篇小说。我的教学工作虽一天比一天繁重，但是每天仍有许多可以利用的短短余闲。我同时还练习钢琴。我慢慢发现，每天小小的间歇时间，足够我从事创作与弹琴两项工作。

艾里斯顿的经历告诉我们，生活中有很多零散的时间是大可利用的。几分钟几分钟的积少成多的方法，就能化零为整，不仅工作效率大大提升，还能做好不少其他自己喜欢的事情，生活将会更加轻松。

零碎时间虽短，但倘若一日、一月、一年地不断积累起来，其总和将是相当可观的。凡是在事业上有所成就的人，几乎都是能有效地利用零碎时间的人。

吴华和朋友新开了一家公关咨询公司，一年接下约130个案子，她每年旅行各地，有很多时间是在飞机上度过的。她相信和客户维持良好的关系是很重要的。所以她常利用在飞机上的时间写短信给他们。一次，一位同机的旅客在等候提领行李时和她攀谈，他说："我在飞机上注意到你，在2小时48分钟里，你一直在写短信，我敢说你的老板一定以你为荣。"吴华平静地回答："我就是老板。"

要想成功，不仅要做事业上的老板，还要学会做时间的"老板"。闲暇对于智者来说是思考，对于享受者来说是养尊处优，对于愚者来说是虚度。要合理利用好琐碎时间，我们需要做好下面几点：

1.提高执行速度

动作的快慢决定着需耗用的时间长短。

有这样一个故事，说的是一个闲着无事的老大爷，为了给远方的孙女寄张明信片，可以花上一天的时间。老大爷买明信片用了两小时，找老花镜用了两小时，找地址用了一小时，写明信片用了两小时，投寄明信片用了一小时。

其实，换一个动作迅捷的人，几分钟的时间他便能办好这位老大爷所做的事。

我们所强调的时间观念和节奏观念，都是为了提高办事效率，如果一小时就把需要两小时办的事情办完了，其效率就提高了一倍。将更多的事情安排在有限的时间里完成，这多么有意义！

2.有意"挤"时间

时间在鲁迅先生的笔下比作海绵里的水，挤，便会有。做事情只有快，却不懂得"挤"时间，也是不完满的。一名高效能工作者要养成一种敢于挤、善于挤的精神。

3.善于利用假日

按照中国的有关规定，每个人每年节假日的休息时间为10～11天，再加上周末的时间，一年就会130天左右的假期。如果你把这段时间巧妙地加以利用，也会有一定的收获。

著名数学家科尔用了3年内的全部星期天解开了"2的62次方减1"是质数还是合数的数学难题。这3年的星期天多么有意义啊！其实，时间就在我们手中，就是看你怎样去利用它。

充分利用好你的最佳时间

知道什么时间该做什么事情最合适，懂得把时间花费在最有价值的地方。正确地管理时间就是对自己生命的负责。生命有限，时间无限。如何在有限的生命中创造无限的价值，关键取决于如何充分地利用好每一份最佳时间。

人们常常抱怨生活的不公平，其实，我们没有看到一点：生活对每一个人都是公平的。伟大的赫胥黎说：时间最不偏私，给任何人都是 24 小时；时间也最偏私，给任何人都不是 24 小时。不同的是，当最佳的时间出现的时候，有些人懂得抓住并很好地利用，有些人却茫然不知，沉迷于一时的欢乐与游戏之中。

懂得充分利用最佳时间，无论早、中、午、晚，都能恰当地安排好待办的事情，让时间在自己的手里发挥出最大价值，成功就变得不再那么困难。

贝格特是一家保险公司的人寿保险业务员。半年以前，全公司里他一直是最大保险销售额的业务员之一。但在过去的半年当中，贝格特变得有些懒散了，开始不太愿意工作，他打破自己的惯例，把最佳的工作时间，用在读报、打网球或者随便做些别的事上，因此，他个人的业绩大大降低了。

后来，为了提高业绩，经过反思，他开始制定出一份工作时间表。贝格特发现，只用三到五分钟，就能够确认要把自己最宝贵的时间用于何处，这就大大提高了自己的工作效率。贝格特认识到了所浪费掉的时间的价值，他开始改变了此前的做法。每天都花上几分钟，对自己做一个利用时间的表格分析，以使自己重新有效地掌握时间，充分地安排并利用好各个时间段的最佳时间。这样，不仅工作业绩上升了，连个人娱乐休闲的时间也有了。

汉克斯是一名年轻的销售员。为了在工作上有所成就，以确认他应当把时间花在何处，他来到图书馆，阅读许多有关销售人员的资料。他发现，新业务员必须用75％的时间去了解情况，或寻找客户；8％的时间应当用来准备磨炼销售技能、才干及产品知识，以便能提出一份最佳的产品介绍；剩下的时间就花费在接近可能的客户上。你必须抓住时机，使这个客户做出决定，直到你拿到签了字的订货单为止。汉克斯按着这种思路，分配着这三段最佳工作时间，工作成绩进步很快，得到了上级主管的表扬。

"盛年不重来，一日难再晨。及时当自勉，岁月不待人。"这是五柳先生的劝勉之语。在自己年轻之时，充分利用好工作、生活的最佳时间，就会取得自己想要的成功。就如贝格特和汉克斯一样，准确抓住最佳时间，并合理地用在工作、寻找客户或者磨炼技能上，就能在同别人一样的时间里，创造不一样的价值。

我们都知道：世界上最快而又最慢，最长而又最短，最平凡而又最珍贵，最容易被人忽视而又最令人后悔的就是时间。不要在错过流星的时候再错过太阳。要及时地抓住属于自己的每一分每一秒，做到"时间"有所值。

这里，我们提供几个可供参考的最佳时间利用办法：

1.把该做的事依重要性进行排列。这件工作，可以在周末前一天晚上就安排妥当。

2.每天早晨比规定时间早十五分钟或半小时开始工作。这样，就可以有时间在全天工作正式开始前，好好计划一下。

3.把最困难的事搁在工作效率最高的时候做，例行公事，应在精神较差的时候处理。

4. 不要让闲聊浪费你的时间，让那些上班时间找你东拉西扯的人知道，你很愿意和他们聊天，但应在下班以后。

5. 利用空闲时间：它们应被用来处理例行工作，假如那位访问者失约了，也不要呆坐在那里等下一位，你可以顺手找些工作来做。

6. 晚上看报：除了业务上的需要外，尽可能在晚上看报，而将白天的宝贵时光，用在读信、看文件或思考业务状况上，这将使你每天工作更加顺利。

7. 开会时间最好选择在午餐或下班以前，这样你将会发现在这段时间每个人都会很快地做出决定。

时间待人是平等的，但是每个人对待它的态度的不同，就造成了时间在每个人手里的价值的不同。高效的管理时间，充分利用最佳时间，当年老蓦然回首的那一刻，就不会因蹉跎光阴而悔恨不已了。

用好神奇的 3 小时

汤米睁开了眼睛，才不过清晨 5 点钟，他便已精神饱满，充满干劲。另一方面，他的太太却把被子拉高，将面孔埋在枕头底下。

汤米说："过去 15 年来，我们俩简直几乎没有同时起床过。"

汤米是个上午型的人，15 年来，每天坚持比太太早起 3 小时。起床后，他可以从容地刷牙、洗脸，简单地活动一下身体，然后，为妻子煮上美味的早餐。剩下的一个多小时，就用来整理当天即将开始的工作，提前做好周密和较为详细的准备。等到妻子醒来的时候，两个人快乐地共进早餐。15 年来，从不间断，两个人生活得十分幸福，汤米个人的事业也是蒸蒸日上。

每天早起的 3 小时的时间内，可以想象，汤米完成了多少有价值的事情。其实，汤米并非超常的人，只是他懂得用好那"神奇的 3 小时"而已。

"神奇 3 小时"是由著名时间管理大师哈林·史密斯提出的。他鼓励人们自觉地早睡早起，每天早上 5 点起床，这样可以比别人更早展开新的一天，在时间上就能跑到别人的前面。利用每天早上 5 — 8 点的这"神奇的三小时"，我们可不受任何干扰地做一些自己想做的事，就像汤米那样。

其实，提倡每天用好神奇的三小时，并非毫无根据的，而是经过科学证明的。

20 世纪 50 年代后期，医生兼生物学家赫森提出了一项称为"时间生物学"的理论。他在哈佛大学实验室中研究发现，某些血细胞的数目并非整天一样，视它们从体内产生的时间不同而定，但这些变化是可以预测的。细胞的数目会在一天中的某个时间段比较高，而在 12 小时之后则比较低。他还发现心脏新陈代谢率和体温等也有同样的规律。

赫森的解释是，我们体内的各个系统并非永远稳定而无变化地操作，而是有大约一个周期。有时会加速，有时会减慢。赫森把这些身体节奏称为"生理节奏"。

时间生物学的主要研究工作，现在全部由美国太空总署主持。罗杰斯就是该署的一位研究生理学家，也是一位生理节奏学权威。他指出，在大多数太空穿梭飞行中，制定太空人的工作程序表时都应用了生理节奏的原理。

这项太空时代的研究工作有许多成果可以在地球上采用。例如，时间生物学家可以告诉你，什么时候进食可以使体重不增反减，一天中哪段时间你最有能力应付最艰苦的挑战，什么时候你忍受疼痛的能力最强而适宜去看牙医，什么时候做运动可以收到最大效果，等等。罗杰斯说："人生效率的一项生物学法则是：要想事半功倍，必须将你的活动要求和你的生物能力配合。"

确实，要想做好自己的时间管理，必须了解我们自身的生理特点，掌握好自己的生理节奏，将我们的活动与生物能力相配合。每天早起三小时就是在与时间竞争，这是一种"勤能补拙"的笨鸟先飞精神的另一种运用。虽然自己不是笨鸟，但是先行一步，早做准备，定能收到事半功倍的效果。

要拥有美好生活，就需要更好地掌握自己的时间和身体，用好这每天的三小时，就能享受更轻松、更简单的工作和生活。

其实,仔细研究一下,除了哈林·史密斯所提到的"神奇3小时"的好处之外,更有着以下诸多好处:

1. 获得内心的平静

已故诺贝尔和平奖得主特里萨修女曾说过，现代生活在都市的人最缺乏的、最渴望的就是"心灵的平静"。而早睡早起，利用早上神奇的 3 小时，想些问题、做些重要工作，往往可以捕捉到都市喧嚣忙乱背后的宁静时刻。

2. 规划一天工作

"一日之计在于晨。"清晨往往是人们精神最集中、思路最清晰、工作效率最高的时候。在这段时间里，绝对没有人或电话来骚扰你，你可以全心全意做一些平日可能要花上好几小时才能完成的工作或事务，规划一下未来的工作，能够取得很好的成效。

3. 培养自律

养成早睡早起的习惯，可以使我们一天精力充沛、信心百倍。同时，还可考验自己的自律精神，建立一个正面的"自我概念"。

4. 调息身心

当然早睡早起并不是苛刻地剥削我们的睡眠时间，正好相反，它只是将我们的睡眠及起床时间略微调整，而这正是高效率利用时间的要求。

试想，如果我们在晚上 10 点睡觉，早上 5 点起床的话，我们的睡眠时间仍然是 7 小时。而一般人如果在午夜 12 点入睡，早上 7 点起床的话，他们的睡眠时间也同样是 7 小时。所以，在此提倡早睡早起，运用好"神奇的 3 小时"，有策略性地将休息和工作的时间对调一下，生活可以同样美好。

高效时间管理的十个技巧

时间管理需要一定的训练，如果你没有准备好接受专门训练的话，你将不能成为一个优秀的时间管理者。下面是时间管理的十个方法：

1.每天清晨把一天要做的事都列出清单

如果你不是按照办事顺序去做事情的话，那么你的时间管理也不会是有效率的。在每天的早上或是前一天晚上，把一天要做的事情列一个清单出来。这个清单包括公务和私事两类内容，把它们记录在纸上、工作簿上或是手机上面。在一天的工作过程中，要经常地进行查阅。举个例子，在开会前十分钟的时候，看一眼你的事情记录。当你做完记录上面所有事的时候，最好要再检查一遍。

2.把接下来要完成的工作也同样记录在你的清单上

在完成了开始计划的工作后，把下面要做的事情记录在你的每日清单上面。如果你的清单上的内容已经满了，或是某项工作可以转过天来做，那么你可以把它算作明天或后天的工作计划。

3.对当天没有完成的工作进行重新安排

你有了一个每日的工作计划，而且也加进了当天要完成的新的工作任务。那么，对一天下来那些没完成的工作项目又将做何处置呢？你可以选择将它们顺延至第二天，添加到你明天的工作安排清单中来。但是，希望你不要成为一个办事拖拉的人，每天总会有干不完的事情，这样，每天的任务清单都会比前一天有所增加。如果的确事情重要，没问题，加班做完它。如果没有那么重要，你可以和与这件事有关的人讲清楚你没完成的原因。

4.记住应赴的约会

使用你的记事清单来帮你记住应赴的约会，这包括与同事和朋友的约会。如果你不能清楚地记得每件事都做了没有，那么一定要把它记下来，并借助时间管理方法保证它的按时完成。如果你的确因为有事而不能赴约，可以提前打电话通知你的约会对象。

5.制一个表格，把本月和下月需要优先做的事情记录下来

很多人都会制订每一天的工作计划。那么有多少人会把他们本月和下月需要做的事情进行一个更高水平的筹划呢？除非你从事的是一项交易工作，它的时间表上总是近期任务，你经常是在每个月末进行总结，而月初又开始重新安排筹划。对一个月的工作进行列表规划是时间管理中更高水平的方法，再次强调，你所列入这个表格的一定是你必须完成不可的工作。在每个月开始的时候，将上个月没有完成而这个月必须完成的工作添加入表。

6.把未来某一时间要完成的工作记录下来

你的记事清单不可能帮助提醒你去完成在未来某一时间要完成的工作。比如，你告诉你的同事，在两个月内你将和他一起去

完成某项工作。这时你就需要有一个办法记住这件事，并在未来的某个时间提醒你。你可以使用多个提醒方法，一旦一个没起作用，另一个还会提醒你。

7. 保持桌面整洁

一个把工作环境弄得乱糟糟的人，往往不是一个优秀的时间管理者。同样的道理，一个人的卧室或是办公室一片狼藉，他也不会是一个优秀的时间管理者。因为一个好的时间管理者是不会花很长时间在一堆乱文件中找出所需的材料的。

8. 把做每件事所需要的文件材料放在一个固定的地方

随着时间的过去，你可能会完成很多工作任务，这就要注意保持每件事的有序和完整。你可以把与某一件事有关的所有东西放在一起，这样当你需要时查找起来非常方便。

9. 清理你用不着的文件材料

这里所提到的文件材料并不包括你的工作手册或是必需的参考资料，而是那些积累的文件。

10. 定期备份并清理计算机

同样，对保存在计算机里的文件的处理方法也和上面所说的差不多。定期地备份文件到光盘上，并马上删除机器中不再需要的文件。